今天開
愛上早餐
Ilisaliu's Sweet
Breakfast!

要開始囉！
HAVE FUN
Nice day

用愛，讓每一天的早餐充滿期待

提筆為自己寫序的這一刻，心中還是感覺不太真實，像我這樣一個平凡的家庭主婦，從來就沒有想過出書這件事。感謝讚美主，給我手做的恩賜，讓我用雙手創作出許多可愛的餐點。翻看著出版社寄來的新書初稿，自己努力完成的作品一頁頁被呈現出來集結成冊，就像迎接孩子的誕生一樣，安慰和感動湧上心頭！

身為雙寶媽，為孩子做早餐是一天固定的開始，讓家人吃得營養健康是每個媽媽最大的願望。開始接觸造型餐點是三年前兒子剛上小一時，班上同學的媽媽把我加入一個 FB 的創意早餐社團，看到許多媽媽分享的可愛料理，讓我也躍躍欲試。從小動物開始做起到卡通人物造型，小小的飯糰搭配適量的肉類、蔬菜和水果一起擺盤出餐，孩子變得每天都很期待餐桌上的驚喜，也更願意嘗試新食材！孩子的笑臉成了媽媽最大的動力，只要腦海中有什麼想法，我都會盡量動手試試。實際做了一陣子之後，開始累積一些心得，且越做越上手，從飯糰、吐司、麵包到蛋餅、包子、麵食，各式的食材變身成卡通主題輪流在每天的早餐出現，配合著歡樂節慶、考試加油或特別活動做為主題來發揮，讓早餐也變成紀錄生活的一種方式。

這些作品分享到社團後受到熱烈的迴響，在很多朋友的鼓勵下，我成立了粉絲專頁，除了紀錄每天給孩子準備的早餐，還把做法和步驟圖一一整理好放上，讓有興趣的人可以一起學習和討論。真的很幸運也很感謝，在這個小小的天地裡有許多愛護我的朋友們，每天一句簡單的問候、讚美和鼓勵，都是支撐我前進的動力，帶給我更多的創意和信心！

很常有媽媽會說：「老師，我的手不夠巧，沒辦法捏飯糰和剪海苔」。這些的確是需要練習的，而且只有親自動手做才能發現自己的問題所在。在這本書裡，收錄了我做造型餐點以來的經驗和技巧，從天然的食材染色法、可愛配菜製作到各樣主餐烹煮，我儘量把每一個步驟都用圖片和文字清楚解說呈現，只要照著做，新手媽媽也能輕鬆上手，運用這些技巧就能創作出更多繽紛美味的料理！

最後要感謝台灣廣廈出版社的姐姐妹妹們，拍攝和編輯過程中的許多小細節都為我細心的準備打理，辛苦的路上因為有妳們的陪伴，才讓我能順利完成第一本著作。

可愛的餐點有著傳遞幸福的魔力，手作的溫度和心意是料理最動人的因子。在這個可以盡情發揮創意和想像的可愛小世界裡，不僅改變了我平凡無奇的生活，也豐富了孩子的童年。希望藉由這本書能帶給你更多的想法和動力，從今天起，讓每一天的早餐時光，都充滿期待和滿足！

劉婧婧
Elisa

Con

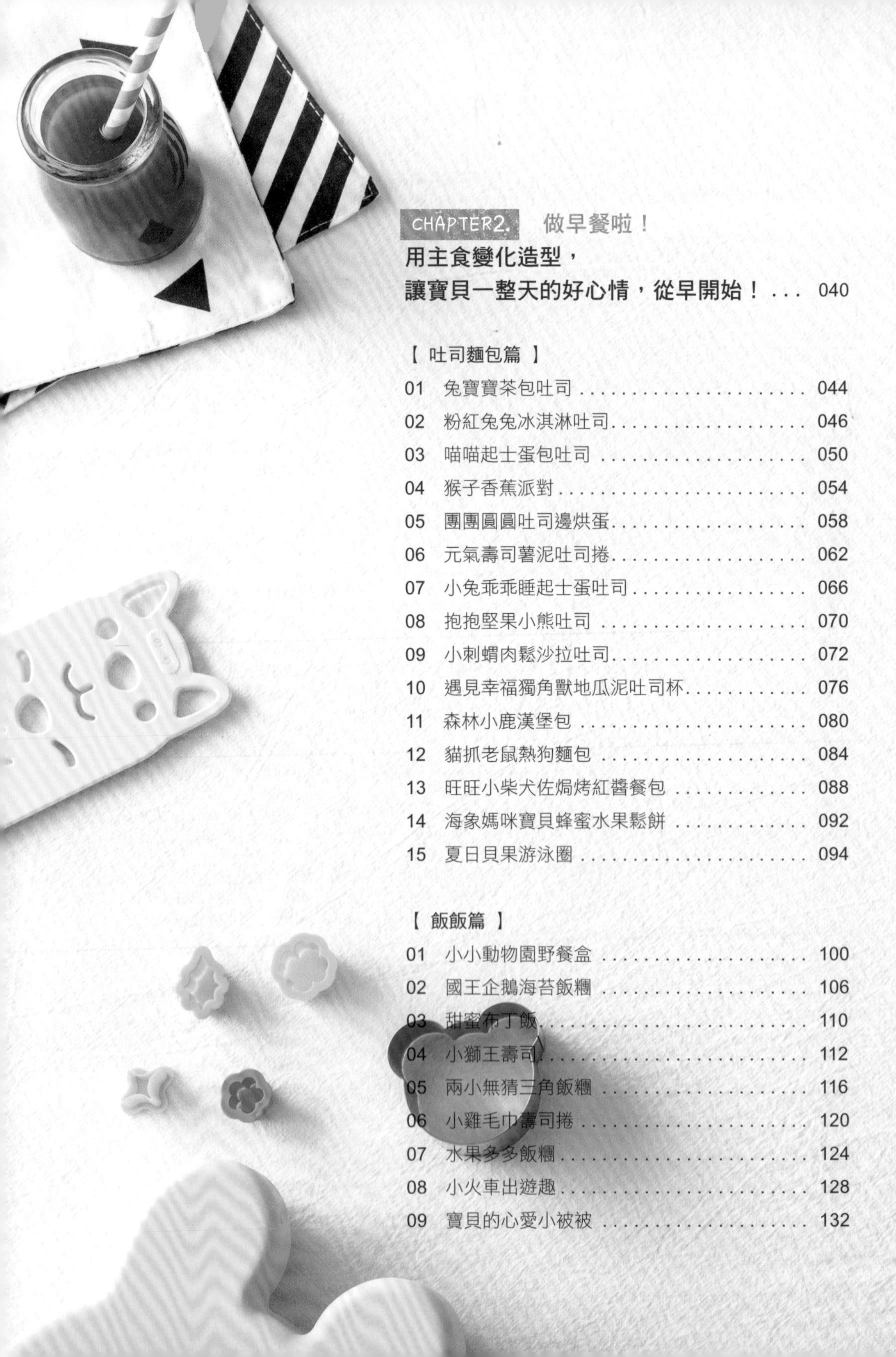

CHAPTER2. 做早餐啦！

用主食變化造型，讓寶貝一整天的好心情，從早開始！... 040

【 吐司麵包篇 】

【 飯飯篇 】

【 麵麵篇 】

【 中式早餐篇 】

CHAPTER3. 特別驚喜！

寶貝最愛的繪本人物，
陪他度過每個值得紀念的日子 180

輕鬆做出好吃又好玩的造型早餐

從基本工具開始

打造餐桌上的奇幻王國

媽媽平常在家裡做菜隨興，想要圓形就拿吸管壓，
蒐集不同尺寸的瓶蓋當模具，使用起來也很方便。
先備妥幾樣基本工具，做造型早餐其實又快又簡單！

1 剪刀
選擇用起來順手的廚房用剪刀就好。

2 鑷子
用來夾取剪好的海苔等面積很小的食材，可以輕鬆將食材放到想要的位置上。

3 竹籤
主要是用來在食材上戳洞，做出小孔後就可以插入煎麵條連接。

4 不同粗度的吸管
用來壓出圓形和橢圓形，除了一般吸管外，不同粗度的養樂多、珍奶吸管也很好用。

5 打洞機
表情是造型餐的靈魂，很多媽媽看到細小的嘴巴、眼睛就害怕，但其實只要買幾個打洞機，在海苔上輕輕一壓，可愛的表情就完成囉！

6 大小尺寸的瓶蓋
小朋友的感冒藥水瓶蓋或噴霧瓶的小瓶蓋都是現成的模具，直接壓是圓形，捏扁再壓就變橢圓形，是做造型的好幫手。

7 食物雕刻刀
這是我在大創買的，小小的刀尖，很適合用來在蔬菜上刻畫出紋路。

8 形狀壓模
只要用材料行都買得到的餅乾壓模，就可以輕鬆將食材壓出各種不同的形狀。

9 造型叉、配菜杯
用來盛裝、裝飾做好的食材，可以讓整體的配色和豐富度立刻提升！

10 小鑄鐵鍋
大創跟宜得利都有賣，在做烘蛋料理時很方便，尺寸剛好，而且做好就可以直接上桌。

11 保鮮膜
飯糰先用保鮮膜包起來再捏，既不會沾手，也比較好塑形。購買時挑選耐熱的種類。

12 巧克力筆、擠花袋
使用巧克力筆，或是將市售的巧克力塊裝到擠花袋裡，泡溫水融化後，再剪個小洞，就可以輕鬆在食材上畫出想要的紋路和表情。

❿
⓫
⓬
❶
❷
❸
❹
❺
❻
❼
❽
❾

不怕手殘的造型技巧

讓你成為孩子眼中的魔法師

做造型早餐不需要太專業的廚藝，
但有幾個常用到的小技巧。
像是捏飯糰或水煮蛋當輪廓，
或是用海苔黏貼出豐富的表情、貼合食材，
都是很簡單的撇步，但只要掌握這些，
可愛的造型就成功了一半！

捏飯糰 | 圓形飯糰是所有形狀飯糰的基礎 |

1 將溫熱的飯放到保鮮膜上，放上喜歡的餡料（也可不放）。

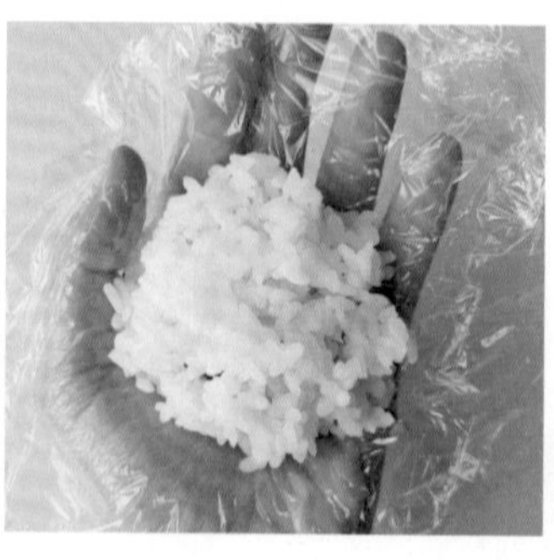

2 在餡料上再鋪上一層飯（若沒有餡料就不用）。

3 把保鮮膜往上拉後，束起來捏緊實。

捏水煮蛋 | 也可以用模具壓出不同形狀 |

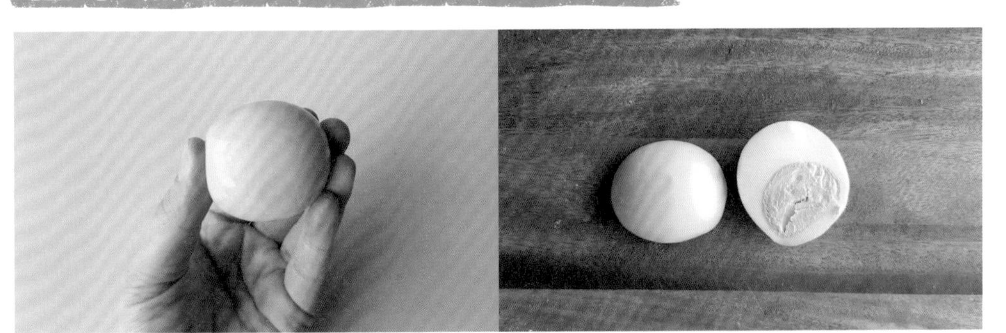

1 染好色的水煮蛋煮好後剝殼，趁溫熱用手壓住兩端一段時間，就能做出圓球的形狀。

2 也可以趁熱用餅乾模具壓出形狀，在模具中放涼至定型。塑好型的水煮蛋直接裝飾，從麵包裡探出頭的模樣好可愛！

剪海苔 | 善用打洞機、剪刀，做表情超輕鬆 |

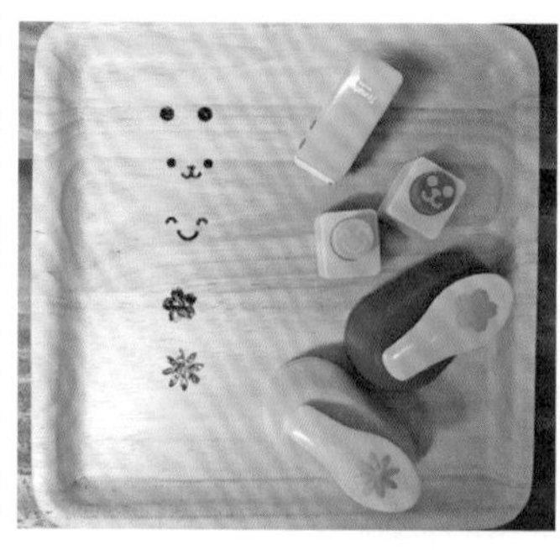

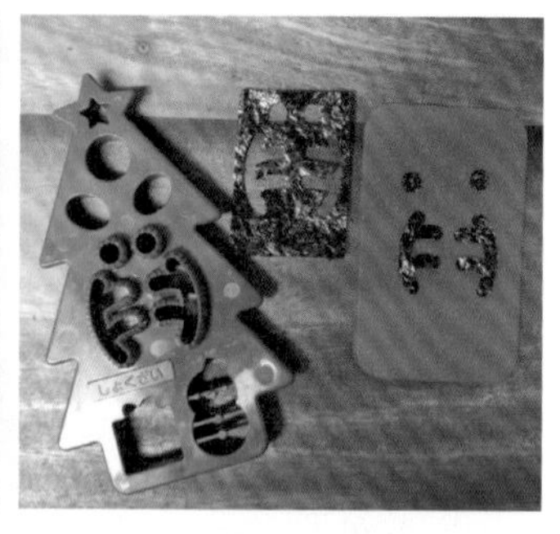

1 海苔一定要用無調味的壽司海苔。使用前先開封，連同包裝放進密封袋裡，冷凍一天再使用。每次使用時剪需要的大小，剩下的密封好冷凍保存。

2 購買市售的打洞機，就可以輕易壓出各種形狀的海苔。

3 也可以購買壓模板，壓模板上的鋸齒處是用來壓海苔，平面則用來壓起士片和蔬果。使用海苔壓板時，需先鋪好軟墊再放上海苔。

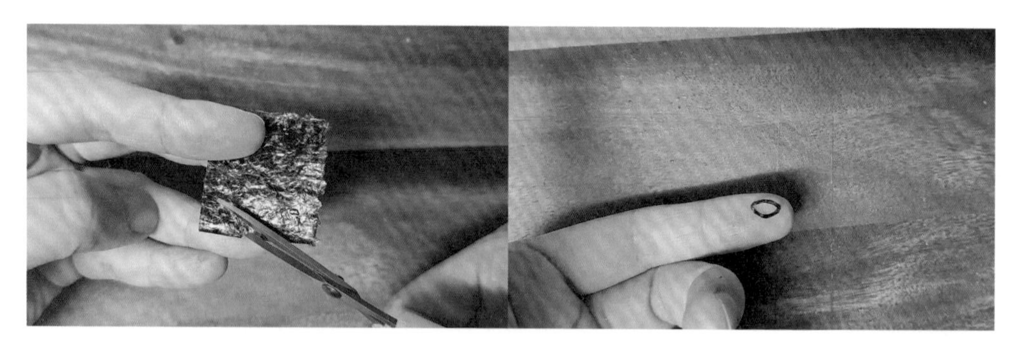

4 剪空心圓（如蛋黃哥的嘴巴）時，先把一小片海苔對折，於對折處先剪出一個半圓，沿著半圓再剪一次，剪下來的海苔打開即為空心圓。

5 剪圓形眼睛時可以把海苔先對折，用吸管在海苔上壓出印子，再用剪刀沿著印子剪下來，就是一雙相同大小的眼睛。

連接食材｜用煎麵條把做好的配件連在一起｜

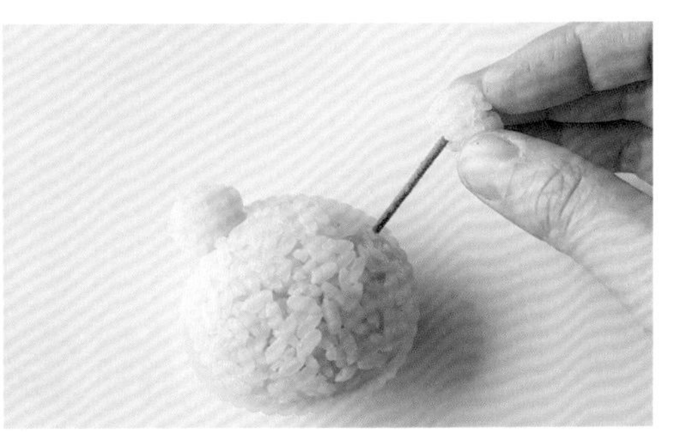

1 平底鍋加點油，小火熱鍋後，放入義大利直麵條，煎到麵條變成褐色即可。

tip 一次可煎 10 條，放冷包好後冷凍保存，一星期內用完後再煎新的來使用。

2 折成小段，插入飯糰等食材中，就可以當竹籤使用囉！

tip 給小朋友吃的食物內不要插竹籤，以免誤食危險。

貼合食材｜剪一剪、貼一貼，可愛的造型就完成｜

1 飯、起士片、蛋、麵、火腿等食材本身帶有些許黏性，直接黏貼即可。

2 麵包、吐司等乾性食材，則需沾美乃滋才黏得起來。

畫上繽紛色彩！

天然的食物調色盤

黃色的小老虎、粉紅色小豬，
加入各種顏色，讓整體造型變得更活潑！
可以活用火腿片、起士片等食材本身的顏色，
或是用食材粉、醬料來調色，都很快速方便，
一早醒來看到美麗的色彩，一整天都是好心情～

常用的彩色食材

1 紅色
火腿片（先燙過）、熱狗、蟳味棒表面紅色部分、小番茄、草莓醬、蘋果醬、番茄醬。

2 黃色
黃色起士片、蛋黃
（水煮蛋或煎成蛋皮）。

3 白色
白色起士片、蛋白
（水煮蛋或煎成蛋皮）。

4 黑色
海苔、黑芝麻粒。

用來染色的食材

1 蛋黃（黃色）
壓碎後加入食材（白飯）中拌勻即可。

2 紅蘿蔔（橘色）
將燙熟的紅蘿蔔壓碎，拌入飯中即可。

3 青花菜、毛豆（綠色）
將燙熟的青花菜或毛豆切碎，拌入飯中即可。

4 蝶豆花（藍色）
將蝶豆花泡在熱水中，等呈深藍色後即可使用。

5 番茄醬（膚色）
加入少許番茄醬拌勻即可。

6 薑黃粉（黃色）
煮飯時在水裡撒一點一起煮，或是用薑黃粉加水拌勻後，再和食材混合。

7 甜菜根粉（粉紅色）
將甜菜根粉加入熱水中混勻，即可使用。

8 黑芝麻粉（灰色）
加入少許黑芝麻粉拌勻即可。

9 紫薯粉（紫色）
將紫薯粉加入飲用水中混勻，即可使用。

10 醬油（咖啡色）
加入少許醬油拌勻即可。

白飯染色的方法

以煮的方式染色

tip 染色用的白飯要趁熱使用，
才能使飯均勻上色喔！

薑黃飯（黃色）

煮飯時在水裡撒點薑黃粉一起煮，即可煮出黃色的飯。薑黃粉用煮的味道很淡，大部分孩子都能接受。

以拌的方式染色

甜菜根粉（粉紅色）

少許甜菜根粉加入熱水中攪拌，再加入白飯裡拌勻。若放的粉量較多，染出的飯會偏紅色。

紫薯粉（紫色）

把少許紫薯粉加入熱水中攪拌，再把紫色的水加入白飯裡拌勻。

蝶豆花（藍色）

把乾燥蝶豆花用熱水泡出深藍色的水後，加入白飯裡拌勻。

黑芝麻醬（灰色）

把少許黑芝麻醬（或粉）加入白飯裡拌勻。

番茄醬（膚色）

把番茄醬直接加入白飯裡拌勻。

醬油（咖啡色）

把醬油直接加入白飯裡拌勻。

水煮蛋黃
（黃色）

把水煮蛋黃壓碎後加入白飯裡拌勻。

紅蘿蔔
（橘色）

把紅蘿蔔片煮熟後切成細末，加入白飯裡拌勻。

毛豆
（淺綠色）

把毛豆仁煮熟後去外膜切成細末，加入白飯裡拌勻。

青花菜
（綠色）

把青花菜燙熟，切下綠色花穗部分後，加入白飯裡拌勻。

一出現就是造型亮點！

好看又好吃的裝飾配菜

在做造型早餐的時候，我也常常用一些小配菜點綴，
讓整體看起來完成度更高、更豐富。
多樣化的菜色搭配，不但營養更均衡，
看起來色彩繽紛的模樣，孩子們也會更喜歡！

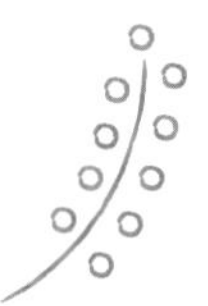

火腿玉米筍花

1 火腿片先對半切成兩片。

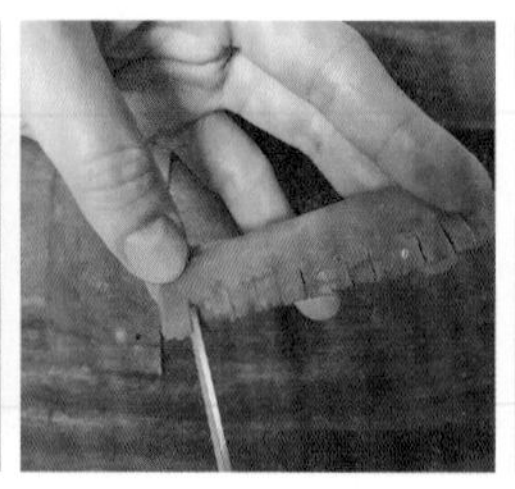

2 先取一半輕輕對折（不要折斷），在對折處用剪刀等距離剪出長度到火腿的一半的直條。

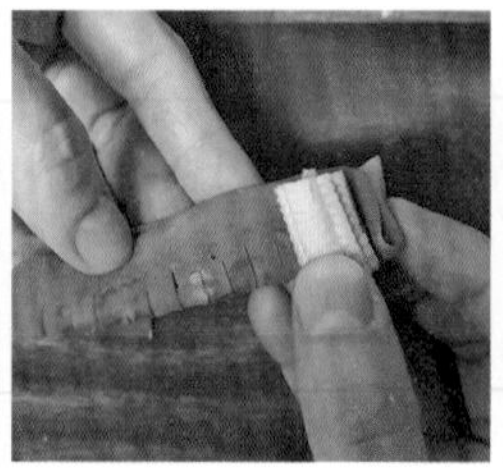

3 在一端放上燙熟的切段玉米筍。

4 把玉米筍捲起來，先用煎麵條在交接處插入固定。

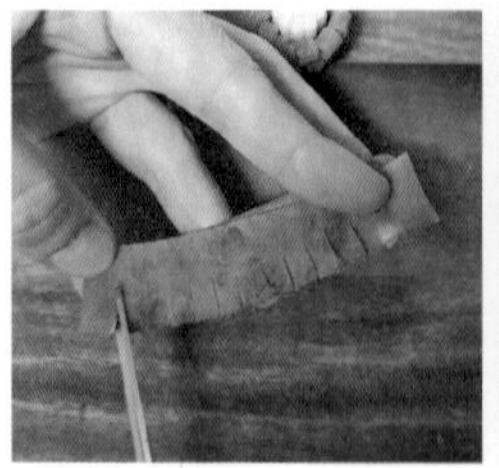

5 另一半火腿也對折剪直線。

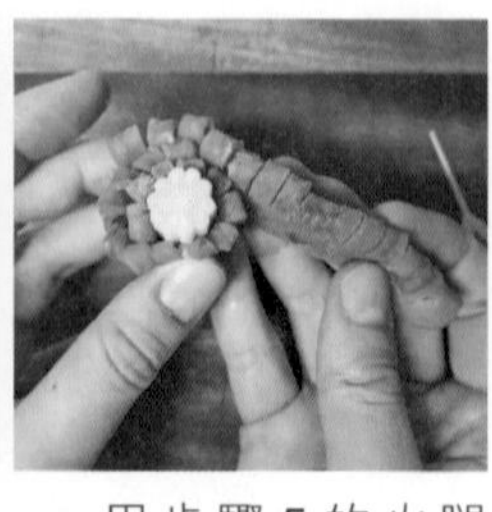

6 用步驟 5 的火腿片把步驟 4 完成的玉米筍捲再捲一次。

7 交接處用小叉子插入固定，完成！

蛋皮熱狗花

1 把切成格子狀的熱狗切面朝上，用刀切出格紋後下水燙過。

2 取1顆雞蛋，加點鹽拌勻後，用玉子燒鍋煎出1片蛋皮，切成兩半（若用圓形平底鍋煎，需切成2條長方形）。

3 按照剪火腿片的方法，把蛋皮剪好、捲起熱狗。

4 鮮豔美麗的花朵，讓擺盤或裝便當都大大加分！

奇異果花

1 準備奇異果1顆，兩用蔬果雕花器1支（五金行或大型超市都有）。

2 將雕花器尖頭那一端，從奇異果的中間插入。

3 拉出雕花器後，繼續往旁邊插入。

4 依照同樣方法，用雕花器沿著奇異果中間繞一圈。

5 把奇異果上下拉開。

6 切面朝上擺盤即可。

火腿蝴蝶結｜做法 1｜

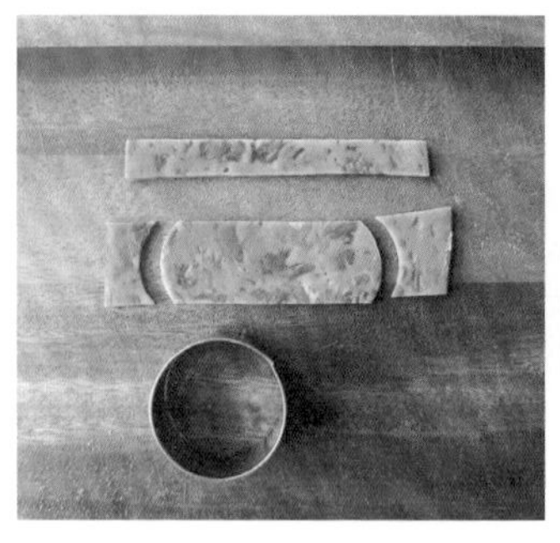

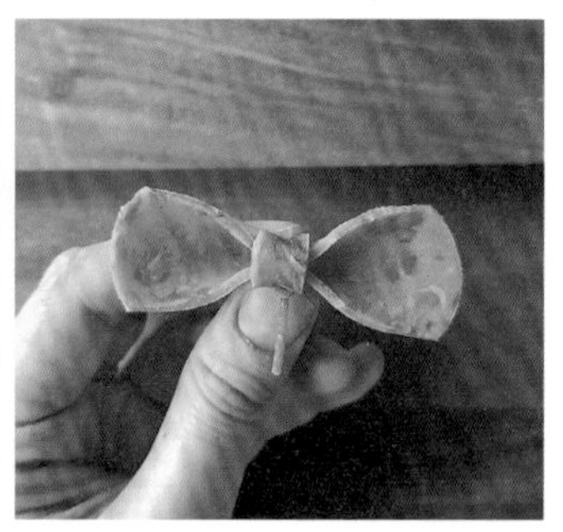

1 切出 2 條長方形火腿片，一粗一細，粗的兩端用圓形模具壓成圓弧狀。

2 粗的火腿片上下往內折。

3 用細的火腿片從中間繞一圈，再從後面插入煎麵條固定。

｜做法 2｜

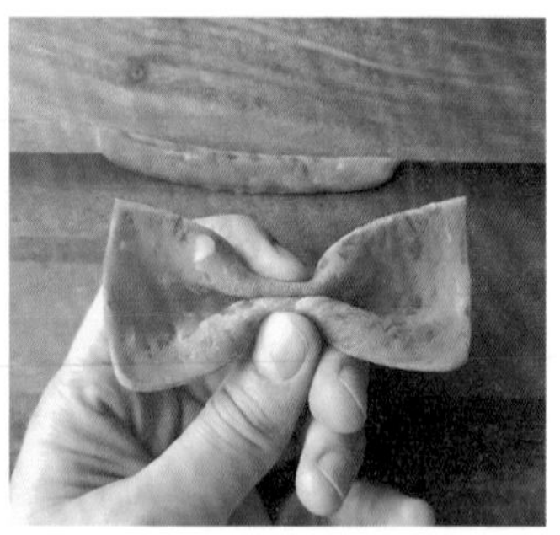

1 火腿片切出粗細 2 種長方形。

2 粗火腿片先對折後，捏住中間。

3 把上下兩邊往外翻，用手指捏住。

4 用細火腿片從中間繞一圈到後面，插上小叉子固定即可。

5 大小尺寸蝴蝶結可以配合造型做使用。

小黃瓜綠葉

1 先切下一條小黃瓜的綠色表面後，用圓形模具在上面壓出圓弧。

2 再用圓形模具壓一道交錯的圓弧，切出葉片狀。

3 葉片可以用來做成竹子或是小花的葉子。

蔬菜雕花

1 把紅蘿蔔和白蘿蔔切厚片後，用花朵模具壓出外型。

2 在 2 瓣花瓣交接處，用刀直直切一刀到花朵中心，深度切到一半就好，不要切到底。

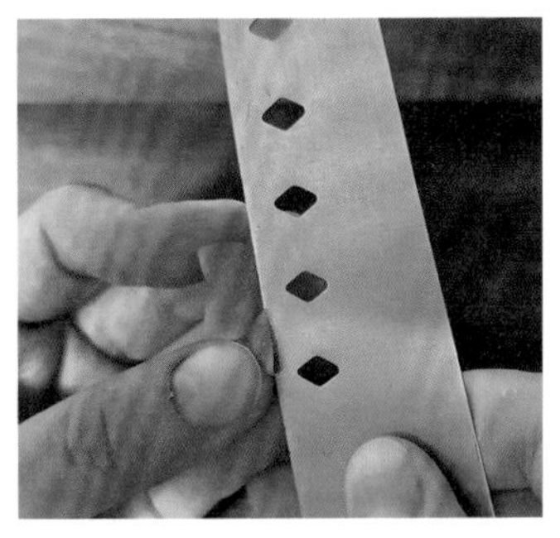

3 接著從花瓣的尖端處用刀斜斜切下去，和剛才切的直線交會，切出凹痕。

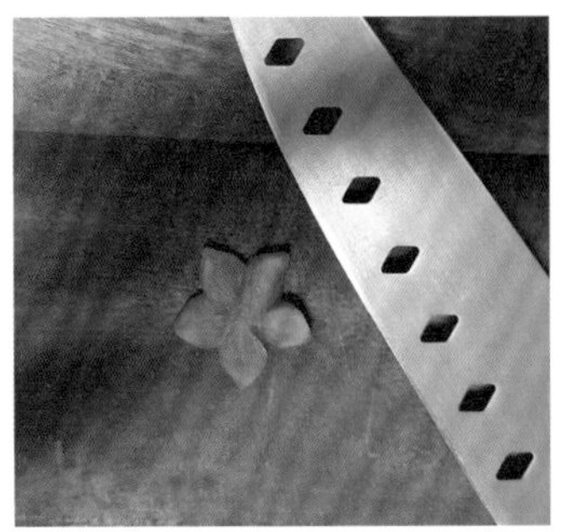

4 把每片花瓣都按照上述方法切一次，即可完成立體蔬菜雕花。

5 白蘿蔔可以用壽司醋加紫高麗菜或火龍果汁一起醃，做出不同顏色的花朵。

蘋果雕花

1 先切下一片蘋果。

2 用花朵模具壓出花朵外型，記得沾鹽水防止果肉變黑。

3 用蔬果雕刻刀在花朵中間畫一刀。

4 再畫一刀變成細葉片狀。

5 取下紅色表皮。

6 依照同樣方法，刻出第 2 道刻痕。

7 總共刻出 4 道刻痕，做出花蕊。

tip 刻好後記得再沾一下鹽水，以免變黑。

8 蘋果碎邊可以切細後加入蜂蜜檸檬水，做成好喝的水果茶。

雪花片

1 白蘿蔔切薄片後，用花朵模具壓出外型。

2 把養樂多吸管捏扁成細長葉片狀。

3 用吸管在每片花瓣前端，壓出 1 個凹洞。

4 再用吸管在中間壓出 5 個小洞。

5 最後用吸管在每片花瓣的兩邊各壓出一個凹洞。

6 燙熟或用壽司醋醃過，就可以擺盤囉！

蔬果積木

1 紅蘿蔔和馬鈴薯切成正方或長方體後煮軟，放涼後用吸管在上面壓出空洞。

2 把壓出來的蔬菜段插回空洞裡，但不要插到底，即可成為積木狀。

tip 也可以用芭樂、蘋果等硬質水果來做。

玉米筍肉捲

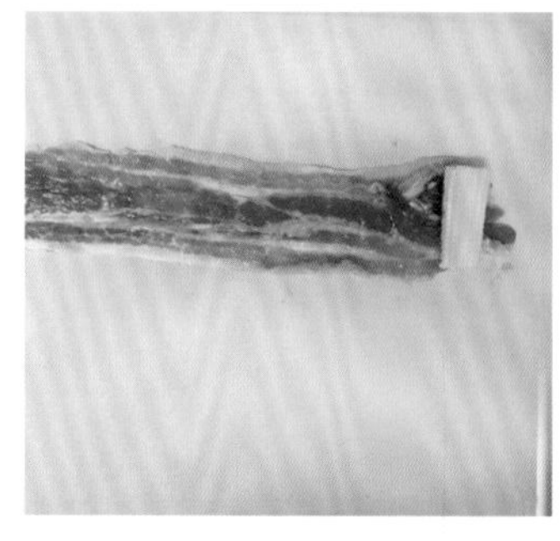

1 把豬五花火鍋肉片用醬油、糖和五香粉醃 15 分鐘。取 2 片肉片上下鋪開，一端放上玉米筍。

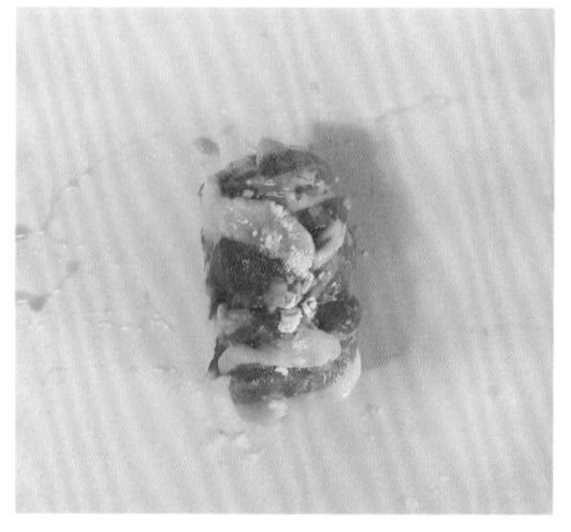

2 用肉片把玉米筍捲起來，交接處沾上一些太白粉。

3 平底鍋以小火熱鍋後，放入肉捲，交接處朝下，煎 3 分鐘後再開始翻動，把肉捲煎熟。

4 把肉捲從中間切開。

5 切面朝上放入盤中即可。

蔬菜玉子燒

1 將 3 顆雞蛋打入碗中，加進以 1 小匙鰹魚粉和 50g 水調成的高湯，以及紅蘿蔔絲、蔥花、5g 細砂糖、10g 味醂、少許鹽和胡椒粉，一起打勻。

2 在玉子燒鍋上刷一層油，下 1/4 的蛋液，小火煎到 8 分熟後從前到後捲起來，剩下的蛋液分 3 次下鍋，重複捲起動作。

3 紅紅綠綠的蔬菜玉子燒，直接擺盤就很漂亮。

愛心玉子燒

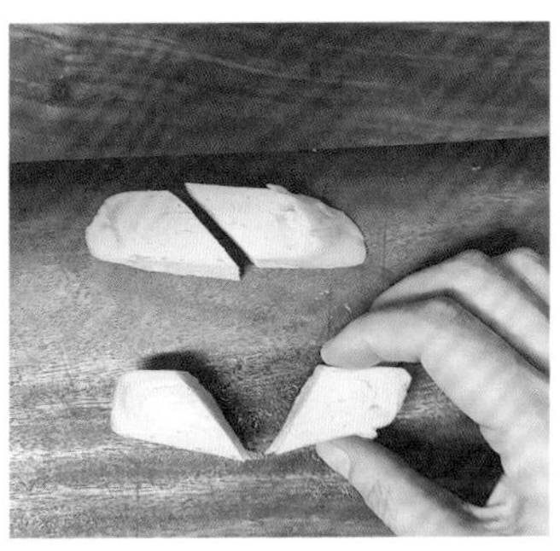

1 依照蔬菜玉子燒的做法，但不加蔬菜，煎成長條狀後，用刀斜切小塊。

2 切下來的小塊玉子燒，從中間再斜切一刀。

3 把其中一半玉子燒翻轉至另一面。

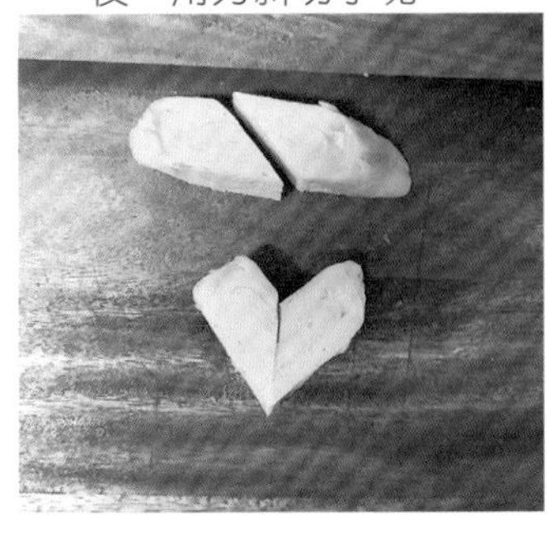

4 把兩塊玉子燒的切面合在一起，做出愛心形狀。

5 用小叉子插入固定。

6 中間用番茄醬擠上愛心裝飾。

慢慢爬蝸牛

1 大熱狗切下兩片厚片。

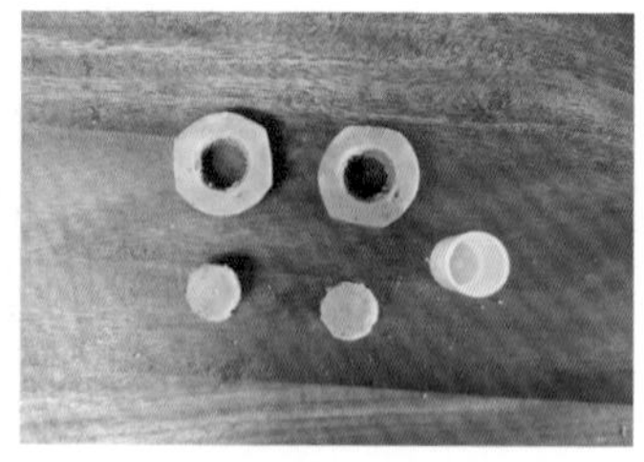

2 用小瓶蓋先壓出空洞。

3 再用吸管壓出小空洞。

4 把壓出的熱狗塞回洞裡，但不要塞到底，做出立體狀當殼。

5 起士片用愛心模具壓出半個愛心當身體，再用打洞機壓海苔五官貼上，插上煎麵條當觸角。

飄揚鯉魚旗

1 小熱狗從中間剖開成兩半，用刀在一端切出三角形缺口。

2 用刀在小熱狗表面輕切畫出格紋後下水燙熟。

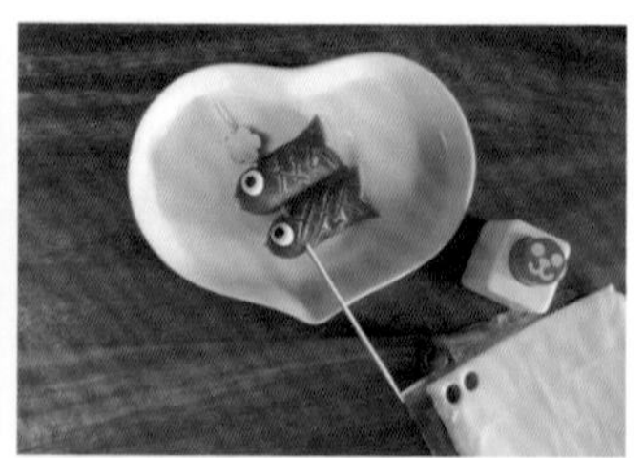

3 用吸管壓起士片當眼白，打洞機壓海苔當眼珠，貼在熱狗上。

白胖胖小兔子

1 水煮蛋側邊先切下一小片（不要太厚）。

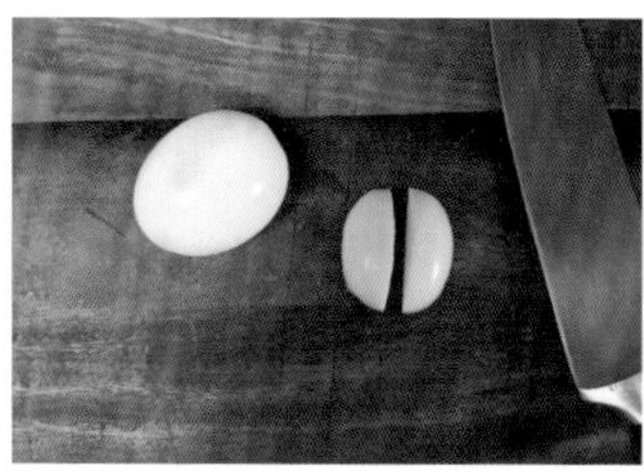

2 切下來的小片再切成兩半當耳朵。

3 把水煮蛋切面朝下讓蛋站好，在前端 1/3 處，用刀斜切至蛋的一半深度。

4 把耳朵插入切線中。

5 再用打洞機壓海苔當眼睛即可。

嘟嘟嘴小章魚

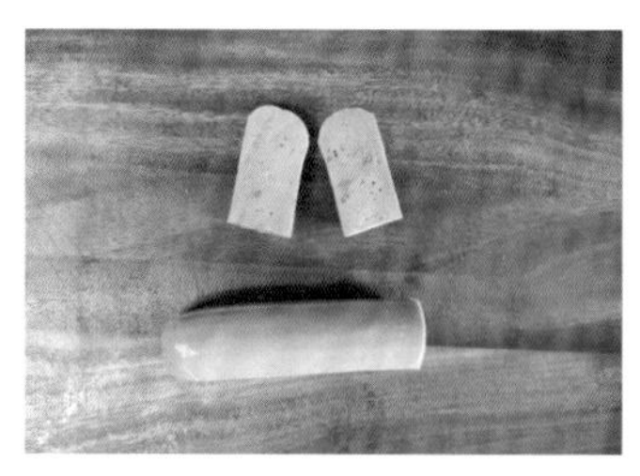

1 熱狗切下前 1/3 段後，再對切成兩半。

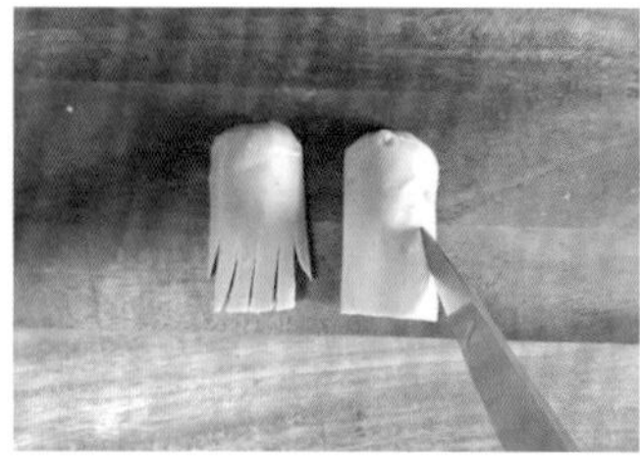

2 用刀尖在熱狗下方，切出 6 道直線後下水燙熟。

3 起士片用吸管和養樂多吸管壓出空心圓當嘴巴，用打洞機壓海苔當眼睛，再點上番茄醬腮紅。

蜘蛛吐絲

1 準備 1 個熟栗子和 2 根煎麵條。

2 把煎麵條折小段，插入栗子的兩邊。

3 起士片用珍奶吸管壓圓當眼白，用打洞機壓海苔當眼珠，最後在上方插入一整根煎麵條當蜘蛛絲。

花園小毛蟲

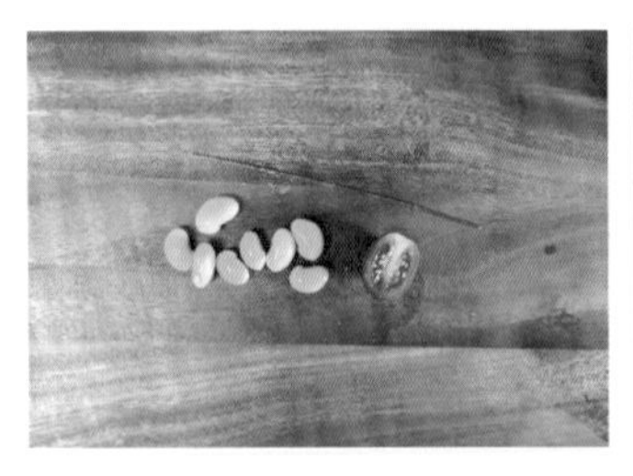

1 先準備 8 顆燙熟毛豆仁、1 個切半小番茄和 1 根煎麵條。

2 把毛豆仁和小番茄用煎麵條串起來。

3 起士片用珍奶吸管壓圓當眼白，用打洞機壓海苔當眼珠和嘴巴，再插上小段煎麵條當觸角即可。

樂悠悠小金魚

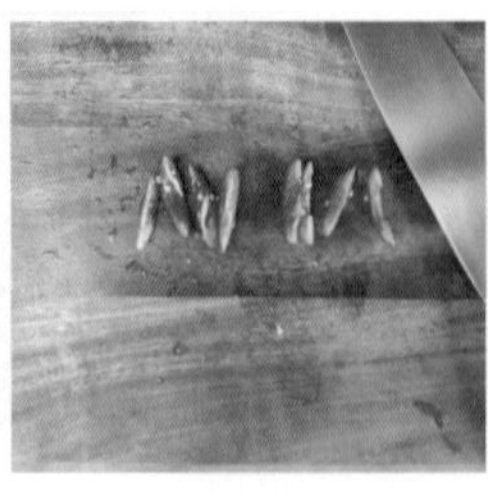

1 準備2顆小蕃茄，各自對半切開。

2 其中兩半各切成 4-5 道細條。

3 另外兩半用吸管壓起士片當眼白，再用打洞機壓海苔當眼珠。

4 把步驟 2 和步驟 3 的番茄，放到優格杯或茶碗蒸上組合即可。

太陽蛋

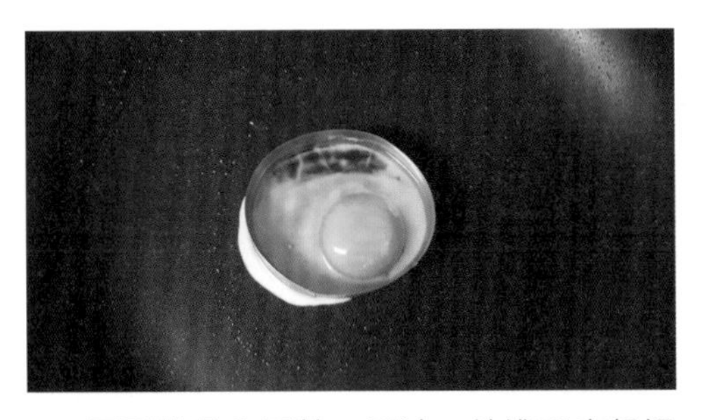

1 圓形模具內圈抹一層油，放進平底鍋裡（開小火），打入蛋。

2 用湯匙輕輕把蛋黃推到中間。

3 煎到蛋白完全凝固，蛋黃8分熟後盛盤，用小刀沿模具畫一圈脫模。

4 切三角形起士片當光輝，再用打洞機壓海苔當五官，點上番茄醬腮紅。

兩用雨陽傘

1 蘋果先切下一片，再切去下方 1/3。

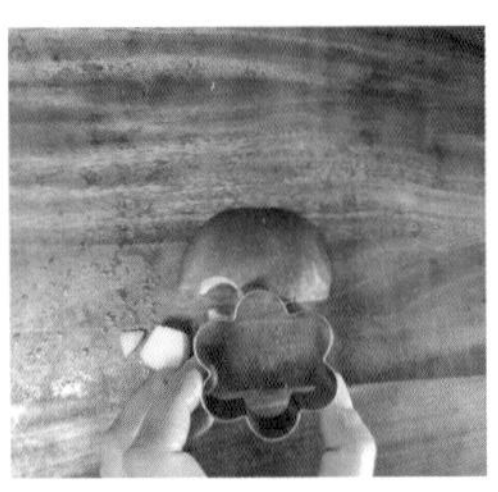

2 用花形模具的花瓣部分把切平處壓成波浪狀。

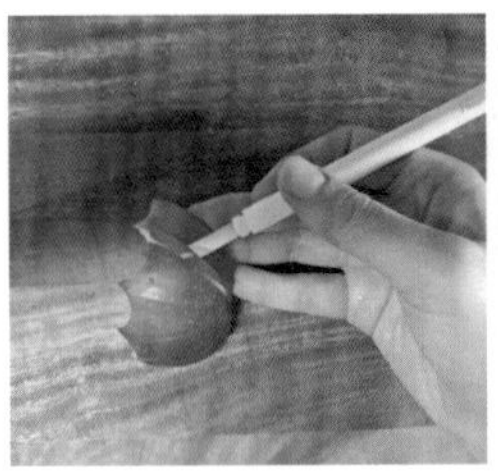

3 用食物雕刻刀先在表皮上畫出線條，再斜斜的插入把表皮取下。

4 插上竹籤當傘柄即可。

小朋友最愛的調味配菜！

加這個，寶貝整盤吃光光

跟大家分享幾道我們家孩子愛吃的料理，
這可以說是我的調味寶典，吃過的小朋友都超愛！
只要當天做這幾道菜，就不用擔心孩子說不吃，
看著寶貝大口大口吃，媽媽也覺得成就感滿滿！

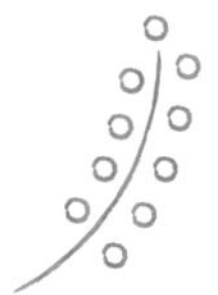

|內脆外嫩的優良蛋白質！|

香煎雞腿排

《材　料》

去骨雞腿排 …… 1片　米酒 ………… 適量
匈牙利紅椒粉 … 適量　蒜頭 ………… 2瓣

《做　法》

1 去骨雞腿排用鹽、匈牙利紅椒粉、米酒、蒜頭醃20分鐘。

2 開中小火，鍋內不加油，把擦乾水分的雞腿排雞皮面朝下放入，並用加水的鍋子重壓在雞肉上4分鐘。

3 翻面後再煎5分鐘左右，可用竹籤插入，若肉排容易穿透即可。

tip 雞肉不要用醬油或烤肉醬醃，不然煎的過程容易產生黑色焦物。

|酸酸甜甜、讓食欲大爆發！|

壽司醋飯

《材　料》

白米 …………… 1杯
壽司醋 ………… 25g

《做　法》

1 取1杯壽司米或白米，加9分水煮熟燜好後取出，趁熱加入市售的壽司醋。

2 用切拌的方式拌勻即可。

無法抵擋的魅力！

綿滑馬鈴薯沙拉

《材　料》

馬鈴薯	2 顆	水煮蛋	1 顆
洋蔥	1/4 顆	美乃滋	少許
小黃瓜	1/2 條	鹽	少許
紅蘿蔔	1/2 條	白胡椒粉	少許

《做　法》

1 將 2 顆馬鈴薯去皮切小塊後，用水沖洗一下入電鍋蒸熟，取出壓成泥放涼。

2 洋蔥 1/4 顆，小黃瓜和紅蘿蔔各 1/2 條切細末。

3 加一點鹽把切好的蔬菜末抓一抓，靜置 5 分鐘出水。

4 用冷開水沖洗一下，並擠乾水分。

5 把蔬菜末倒入馬鈴薯泥裡，加入 1 顆切塊的水煮蛋。

6 加入適量的美乃滋、鹽和白胡椒粉拌勻，即為好吃的馬鈴薯沙拉。

＊夾入熱狗麵包中也非常美味喔！

忍不住一口接一口

味噌肉燥

《材　料》

低脂豬絞肉	600g	醬油（按照習慣鹹度酌量加入）	適量	米酒	30g
蒜末	10g	冰糖	15g	水	150g
味噌	60g			味醂	30g

《做　法》

1 倒 1 湯匙的油（分量外）熱鍋，把絞肉和蒜末放進去，炒到肉表面變白色。

2 倒入少許醬油炒出香氣。

3 加入其它所有材料，煮滾後，轉小火續煮 30 分鐘即可。

|大人小孩都喜歡|

超開胃番茄紅醬

《材　料》

牛番茄	5 顆	低脂豬絞肉	300g
水	80g	番茄醬	30g
橄欖油	適量	鹽	適量
洋蔥	80g	義大利綜合香料	適量
蒜頭	20g	起士片	2 片

《做　法》

1 把洋蔥和蒜頭切成細末，越細越好。

2 牛番茄加水 80g，用果汁機攪打成番茄糊（可留小塊狀增添口感）。

3 鍋中加點橄欖油，先炒香洋蔥末和蒜頭末，接著加入絞肉炒至泛白後，加入番茄醬再炒一下。

4 倒入打好的番茄糊、鹽、義大利綜合香料，煮滾後轉小火熬煮 30 分鐘，加入起士片拌勻即可。

tip 放一夜再吃更入味喔～

|配什麼都好吃|

香噴噴奶油白醬

《材　料》

無鹽奶油	80g	水	500g
中筋麵粉	80g	蒜頭	3、4 瓣
鮮奶	250g	洋蔥	1/2 顆
鮮奶油	50g		

《做　法》

1 蒜頭切細末、洋蔥切絲，下鍋炒至洋蔥變軟先取出。

2 冷鍋下無鹽奶油，開小火，融化後加入麵粉，拌炒 2 分鐘後倒入水，仔細攪拌均勻至麵粉無顆粒狀。

3 加入鮮奶和步驟 1 的炒料，小火煮至濃稠。

4 最後再加入鮮奶油拌勻，即為基礎的奶油白醬。

tip 可於步驟 1 時加入用少許醬油醃過的切丁雞腿肉塊一起拌炒，做成美味的雞肉白醬。

|食物界的孩子王！|

超人氣漢堡排

《材　料》

牛絞肉	200g	蛋	1 顆
豬絞肉	100g	麵包粉	40g
洋蔥末	80g	牛奶	20cc
蒜末	10g	韓式烤肉醬	80g

《做　法》

1 牛豬絞肉混合後用刀剁至細黏有彈性，加入其他所有材料，攪拌均勻。

2 取約 90g 的肉餡，用雙手拋打擠出空氣後，塑形成厚圓餅狀，並在肉排中間壓 1 個凹洞。

3 鍋中加點油（分量外），用中小火熱鍋後，放入肉排，將兩面煎到上色定型、封住肉汁。

tip 記得翻一次面就好，不要一直翻，肉汁會流失掉。

4 直接在鍋中加一點熱水（分量外），然後加蓋悶燜熟。

5 肉排按壓起來有彈性、且流出的肉汁清澈就是熟了。

|鮮豔繽紛、口感多變|

古早味蛋餅皮

《材　料》用 30cm 平底鍋可煎 1 片

中筋麵粉	40g
太白粉	10g
水	90g

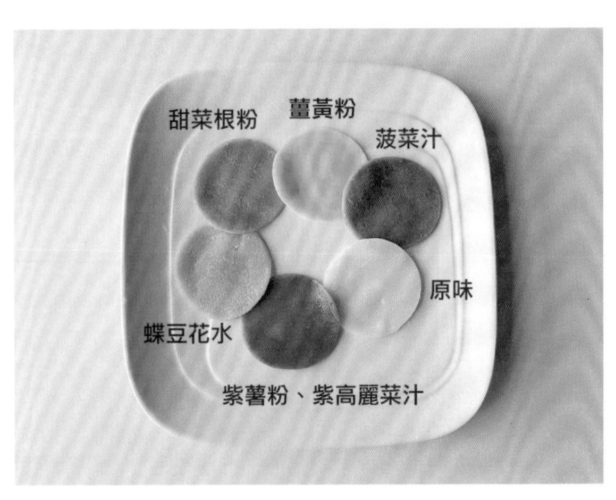

《做　法》

1 把所有材料攪拌均勻成無粉狀的粉漿。

2 平底鍋加點油，倒入粉漿兩面煎熟。

3 喜歡Q軟口感餅皮，可以兩面煎熟即可。喜歡香脆口感餅皮，可以煎久一點，讓表面產生焦脆感。

tip 粉漿中加入少許色粉或蔬菜汁，可煎出不同顏色的蛋餅皮。

造型食材的選擇與處理

很多人問我用的是什麼食材，或是做完造型剩下的食材怎麼辦？
其實媽媽是個勤儉持家的家庭主婦，不管是工具還是食材，
大部分都是常見、好買的，跟大家一般在家裡用的差不多。
如果沒用完還可以利用，千萬不要丟掉喔！

我常用的造型食材

火腿片

市售三明治火腿片有厚薄的不同，造型用選擇薄的較多，用熱水燙過即可使用。圖中的品牌是我常用的薄切火腿片。

小香腸

圖中的小香腸是我習慣使用的品牌，用熱水燙熟即可使用。

起士片

起士片準備黃色和白色 2 種，方便變化造型。

美乃滋

我喜歡用日式甜口味的，它是用來貼合食材的膠水，例如海苔貼在麵包上。烤吐司或漢堡包先抹上一層美乃滋再鋪上餡料，可以防止麵包變濕軟。

生菜、小番茄、小黃瓜

這些都是常用的配色蔬菜，買到後先用水洗淨，泡在冰水裡 15 分鐘再取出，甩乾放入保鮮盒中冷藏可以增長保鮮時間，也方便擺盤使用。萵苣、大陸妹、蘿美都很好用，小番茄記得選擇有綠色蒂頭的，擺盤更有新鮮感。

剩餘食材的保存方式

火腿片

造型切剩餘的火腿片可以先裝起來，晚餐時切細，加入蔥花炒蛋或炒飯。

起士片

起士片碎邊收集起來放保鮮盒裡，用來做起士蛋餅、加入義大利麵、濃湯都很適合。

吐司

造型剩餘的吐司碎邊可以裝袋放冷凍庫，
收集到一定的量時可以做成麵包粉或吐司烘蛋。

麵包粉：

1 把吐司碎邊平鋪在烤盤上，放入預熱好160℃的烤箱，烤到表面略焦黃。

2 放涼後用食物調理機打成粗粒即為麵包粉，可用於炸豬排或做漢堡排 (P37)。

吐司烘蛋：

1 3 個雞蛋加入適量的鴻禧菇、蔥末、豌豆仁、鹽和義大利綜合香料攪拌均勻。

2 平底鍋加點油，小火熱鍋後，倒入 1/2 的蛋液。

3 鋪上吐司碎邊。

4 再倒入剩下的蛋液。

5 鋪上起士片。

6 蓋上鍋蓋小火烘 12 分鐘左右。

7 打開蓋子即可裝盤。

8 裝盤後可撒乾燥洋香菜點綴。料多味美又營養的吐司烘蛋，讓人想不到是碎吐司邊再利用！

CHAPTER 2

做早餐啦！

用主食變化造型

讓寶貝一整天的好心情
從早開始！

HOMESTEAD
BISCUIT

《吐司麵包篇》

吐司是非常好利用的食材，
只要用模具壓一壓就可以輕鬆做出造型，
再搭配不同抹醬或配料，就是豐富的一餐！
也別忘了小朋友愛吃的麵包，
漢堡、鬆餅、貝果，都是我家餐桌上的常客。
喜歡烘焙的媽媽們，
也可以試著挑戰自己做麵包喔！

HAPPY
Happy!
MAKE SURE
KEEP WARM
thank you
so much

NO.
01
BREAD

兔寶寶茶包吐司

今天煮了鍋玉米濃湯，甜甜的玉米粒是孩子最喜歡的滋味！突發奇想把吐司用餅乾模具壓成一隻隻的兔寶寶，綁上茶包線後真是可愛。恩恩一看到就迫不及待要讓它們泡進湯裡了（笑）～

《材　料》

吐司 1片
薑黃粉 .... 少許
奶油 1小塊
海苔 1小片
美乃滋 .... 少許

《造型工具》

兔子模具。養樂多吸管。
茶包線。表情打洞機

1 用模具在吐司上壓出兔子形狀。

2 用養樂多吸管在兔耳朵上壓 1 個洞。

3 把茶包線穿入洞裡綁好。

4 用表情打洞機在海苔上壓出五官，沾點美乃滋貼上。

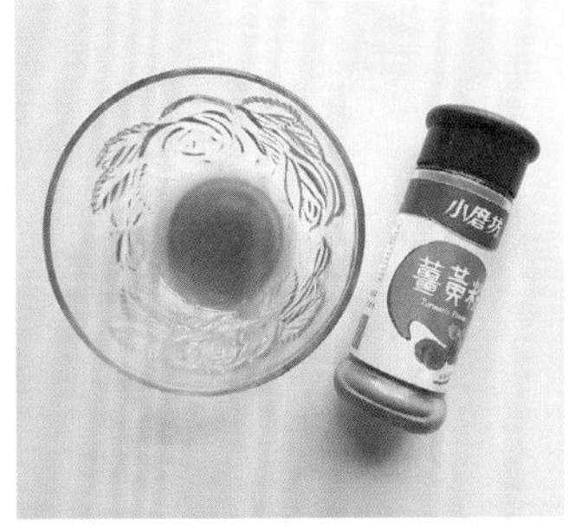

5 在奶油中撒點薑黃粉，微波 30 秒融化後，拌勻成薑黃奶油。

6 在兔子的身上刷上薑黃奶油當衣服。

7 搭配杯湯，就是有趣的茶包吐司！

粉紅兔兔冰淇淋吐司

炎熱的夏天一到，冰淇淋最受歡迎啦！冰涼香甜的滋味，暑假總要讓孩子嚐上幾回～早餐上了一份偽冰淇淋，果然讓睡眼惺忪的孩子立刻眼睛發亮！利用簡單的吐司和抹醬，製造出來的效果讓媽媽很滿意：)

《材　料》

山形吐司 1片
奶油乳酪 .... 適量
甜菜根粉 .... 少許
花生醬 .... 適量
白色起士片 ... 1小片
海苔 1小片
小番茄 2顆

《造型工具》

剪刀。湯匙造型模具。噴霧瓶小瓶蓋。表情打洞機

1 山形吐司切去 2 個三角形，變成 1 個扇形。

2 奶油乳酪加少許甜菜根粉拌勻，調成粉紅色。

3 在吐司下方三角形抹上花生醬，上方半圓形抹上粉紅乳酪醬。

4 把步驟 1 切下的三角形吐司切下吐司邊，再把切下的吐司邊切成細條。

5 在塗花生醬的部分，用吐司邊細條排出平行的斜紋。

tip 依照吐司的面積修剪細條的長度。

6 從另一個方向再鋪上吐司邊細條，做出格子的紋路。

7 用湯匙形狀的模具細長端，在吐司上壓出 2 片兔耳朵，並抹上粉紅乳酪。

tip 若沒有湯匙形狀的模具，也可以自己用剪刀剪。

8 把小瓶蓋捏扁，在白色起士片上壓出 1 片橢圓形，放到兔子臉上。

9 用打洞機在海苔上壓出五官，貼到兔子臉上。

10 切下小番茄前端的小圓，貼到眼睛下方當腮紅，完成！

tip 奶油乳酪裡加入抹茶粉、甜菜根粉、南瓜粉、可可粉……等色粉拌勻，可以調成各種顏色的抹醬。

喵喵起士蛋包吐司

兩個孩子從小就愛蛋和乳製品，只要有起士和蛋的組合，總是吃得津津有味！ 把造型壓剩下的吐司邊包進起士蛋裡，上面再用番茄醬畫上可愛小草莓，早晨就用這份美好來迎接～

《材　料》

雞蛋	2顆	小番茄	2顆
吐司	1片	海苔	1小片
牛奶	15g	番茄醬	少許
起士片	1片	白芝麻粒	少許
玉米粒	適量	薄荷葉	少許
生菜葉	適量	鹽	少許
炒熟的鴻禧菇	適量	美乃滋	少許

《造型工具》

貓咪餅乾模。珍奶吸管。醬料瓶。表情打洞機

BAKERY
TEA TIME
PREMIUM BAKERY
Best Quality
handmade

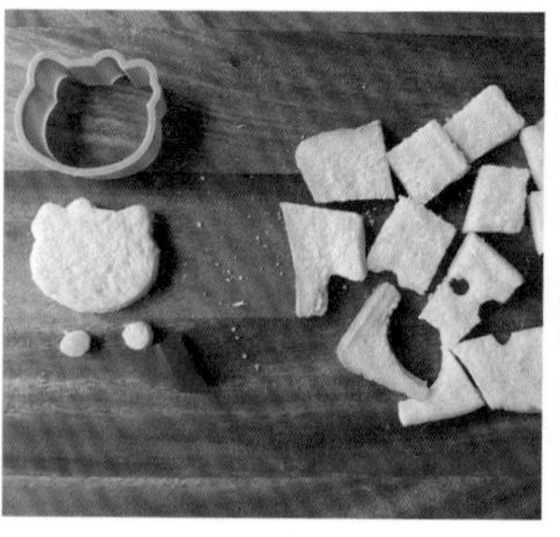

1 用貓咪餅乾模和珍奶吸管在吐司上壓出貓臉和雙手後，把剩下的吐司剪成小塊。

2 2顆雞蛋打成蛋液，加15g牛奶和少許鹽拌勻。在小鐵鍋上加點油，用小火熱鍋後倒入蛋液。

tip 沒有小鐵鍋，也可以先做好蛋包吐司後，再放到盤子上擺盤。

3 把剪小塊的吐司鋪在蛋液的下半部。

4 起士片切成兩半，蓋在吐司上。

5 用鍋鏟把蛋的另一半反折回來，蓋在起士片上。

6 熄火後在鍋子空白處鋪上玉米粒和生菜。

7 再放上炒熟的鴻禧菇和小番茄。

8 番茄醬裝進醬料瓶裡，在蛋皮上畫出草莓形狀。

9 放上白芝麻粒和薄荷葉，裝飾成草莓。

10 用打洞機在海苔上壓出五官，沾點美乃滋貼到貓咪臉上。

11 把貓咪放到生菜跟蛋的中間即可。

猴子香蕉派對

成長中的小男孩總是靜不下來，恩恩就是我家聲音的來源，只要他在的時候，很難有超過五分鐘的安靜～用花生醬和吐司做了一隻隻活蹦亂跳的小猴子，看小男孩邊吃邊玩的模樣，感覺就像融入了猴群，媽媽忍不住笑了！

《材　料》

吐司 .... 1 片
花生醬 .... 適量
海苔 .... 1 小片
美乃滋 .... 少許
雞蛋 .... 1 顆
牛奶 10g
鹽 .... 少許

《造型工具》

圓形模具。愛心模具。
表情打洞機。
吸管。三明治袋

1 用圓形模在吐司上壓出 3 個圓形。

2 用愛心模在圓形吐司上壓出美人尖的印子，但不要切斷。

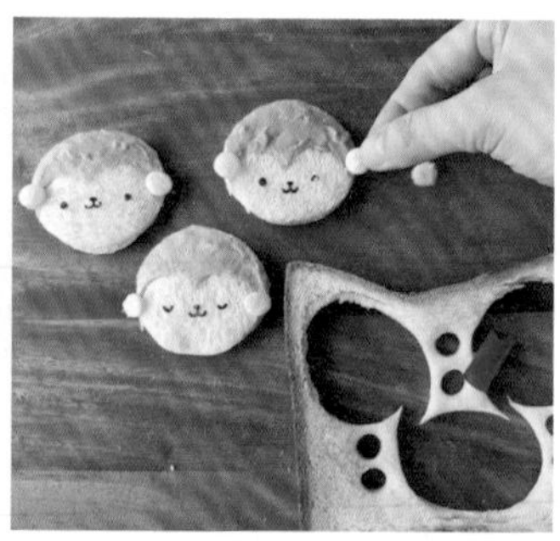

3 用花生醬塗抹在上半部。

4 用表情打洞機在海苔上壓出五官，沾點美乃滋貼上。

5 用吸管在切剩下的吐司上，壓 6 個小圓當耳朵。

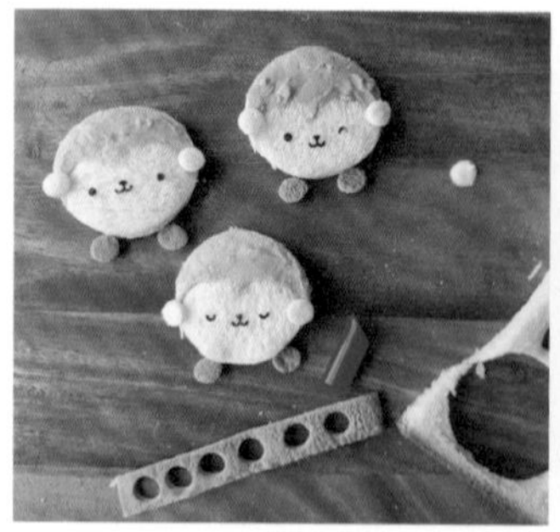

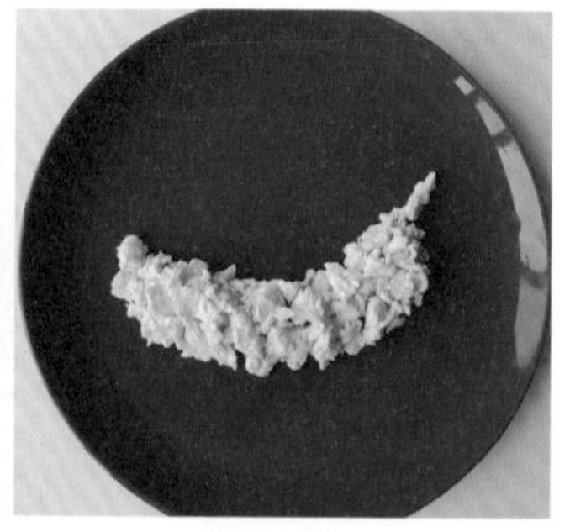

6 切下吐司邊，用吸管壓出小圓，當猴子的手。

7 把 1 顆蛋液加 10g 牛奶和少許鹽拌勻後，下鍋炒成散蛋。

8 把散蛋在盤子上鋪成香蕉形狀。

9 在周圍放上做好的猴子吐司。

10 用花生醬畫出尾巴。

tip 將花生醬裝到三明治袋裡，剪掉袋子尖端就可以拿來畫畫了。

11 用剪刀剪 1 條海苔細條，放在香蕉上裝飾即完成。

團團圓圓吐司邊烘蛋

上週又去了木柵動物園，恩恩最喜歡的動物就是貓熊。看團團圓圓和圓仔一家三口憨憨的模樣好萌喔！把造型用剩的吐司邊先冷凍起來，量多時就可以加入蛋液和蔬菜做成烘蛋。這一道營養又好吃，是吐司邊的完美利用～

《材　料》

馬鈴薯泥 80g
牛奶 5g
鹽 .... 少許
海苔 .... 1 小片
吐司邊 .... 1 把
紅蘿蔔絲 .... 適量
玉米粒 .... 1 小匙
雞蛋 .... 2 顆
焗烤乳酪絲 ..... 適量
蘆筍 .... 8 根

《造型工具》

剪刀。表情打洞機

1 馬鈴薯去皮切小塊蒸熟後，壓成細密的泥狀。取約 80g 馬鈴薯泥，加 5g 牛奶和少許鹽拌勻。

2 把馬鈴薯泥捏成 3 個大圓球（每個約 20g）和 4 個小圓球（每個約 3g）。

3 用剪刀把海苔剪成橢圓形當眼睛。

tip 海苔先對折再剪，兩邊眼睛才會一樣大。

4 用打洞機在海苔上壓出嘴巴貼上。

5 再用海苔剪出小圓當耳朵。

6 小鐵鍋加點油（分量外），小火熱鍋後，放入吐司邊、紅蘿蔔絲和玉米粒。

7 將2顆雞蛋液，加點鹽攪拌均勻後，倒入預熱好的小鐵鍋中。

8 在表面撒上焗烤乳酪絲。

9 蓋上鍋蓋，用小火燜烘。

10 燜到乳酪絲融化後，即可熄火。

11 蘆筍加入鹽水中燙熟後，放到小鐵鍋上。

12 最後再放上捏好的貓熊們，看起來好熱鬧！

元氣壽司
薯泥吐司捲

迴轉壽司在台灣很受歡迎，小小一盤，喜歡什麼就拿什麼，大小朋友都可以吃得開心。把吐司捲入蔬菜薯泥，用海苔綁上喜歡的食材，吐司變身的元氣壽司寶寶，營養好吃又有飽足感！

《材　料》

吐司 .... 3 片
馬鈴薯沙拉 .... 2 顆小馬鈴薯
※ 製作方法請詳見 P.35
黃色起士片 .... 1 片
蟳味棒 .... 1 條
甜豆莢 .... 2 莢
海苔 .... 1/2 張
美乃滋 .... 少許
番茄醬 .... 少許

《造型工具》

擀麵棍。剪刀。表情打洞機。筷子

1 吐司切邊後切成寬度 6cm 的長條，再用擀麵棍壓扁。

2 在吐司的下半部鋪上厚厚的馬鈴薯沙拉。

3 把吐司從下往上捲起來後，交接處朝下擺放。

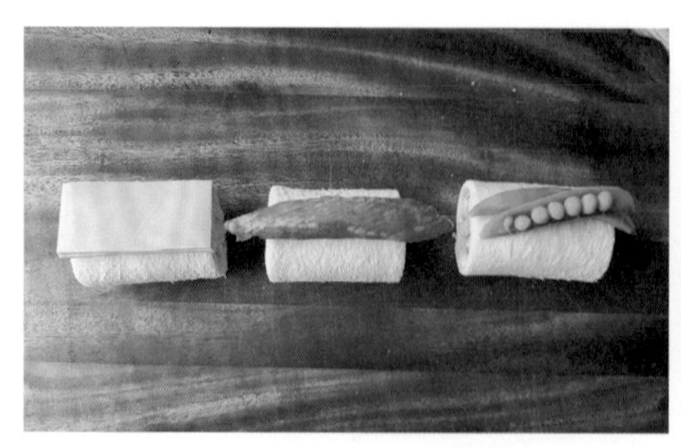

4 上面分別放上起士片、蟳味棒和甜豆莢。

5 用剪刀把海苔剪成 3 條長條，沾點美乃滋，把吐司捲和上方的料捲在一起。

6 用表情打洞機在海苔上壓出五官，沾點美乃滋貼上。

7 用筷子沾番茄醬點上腮紅即完成。

8 好吃又方便食用，包著飽滿馬鈴薯沙拉的吐司捲完成了！

小兔乖乖睡起士蛋吐司

　　薑黃粉是種健康食材，直接聞味道很重，很多媽媽都認為孩子一定不敢吃。其實薑黃的染色力非常強，少量就可以上色，味道並不明顯。記得不要先跟孩子說是薑黃料理，不然他們會有心理作用～一片柔軟的牛奶吐司，加上薑黃水煮蛋和起士片做裝飾，簡單的味道也能很幸福！

《材　料》

水煮蛋 .... 1 顆
薑黃粉 .... 少許
黃色起士片 ...... 1 片
白色起士片 ...... 1 片
吐司 .... 1 片
玉米粒 .... 少許
海苔 .... 1 小片

《造型工具》

圓形模具。珍奶吸管。星星模具。米奇餅乾模具組。噴霧瓶小瓶蓋。表情打洞機

1 在馬克杯中倒入煮滾的水（分量外）和薑黃粉，再把撥好殼的水煮蛋放進去浸泡 10 分鐘，染成黃色。

tip 水量要蓋過蛋，染出來的顏色才會均勻好看。

2 染好色的水煮蛋，趁溫熱用手捏住兩端 3 分鐘，等它固定成圓形。

3 把蛋從中間縱切成兩半。

4 用圓形模具在其中一半水煮蛋上，壓出 2 個半月形當兔子耳朵。

5 再用珍奶吸管壓出 2 個小圓當手。

6 用模具在 2 種顏色的起士片上壓出圖案。將黃色起士片壓出來的圖案，放入白色起士片壓出來的洞中。

7 把壓造型剩下的水煮蛋和少許玉米粒鋪在吐司上，再蓋上起士片。

8 在起士片上方擺放兔兔水煮蛋，耳朵跟手也不要忘記喔！

9 用噴霧瓶小瓶蓋在白色起士片上壓 1 個小圓放到兔兔臉上，再放上用表情打洞機壓出的海苔五官，完成囉！

NO. 08 BREAD

抱抱堅果小熊吐司

記得有陣子好流行抱著堅果的小熊餅乾，我也跟流行買了小熊餅乾模具回來玩。每次烤都是滿屋子的奶油香，看著一大盤的萌萌小熊，真的好療癒！這兩天整理工具時又翻到它，剛好家裡剩下兩片吐司，就在上面壓了幾隻小熊。小工具發現新用途，讓人格外開心～

《材　料》

吐司 .... 1 片
杏仁果 .... 2 顆
海苔 ....1 小片
美乃滋 ....少許

《造型工具》

熊熊餅乾模具。
表情打洞機

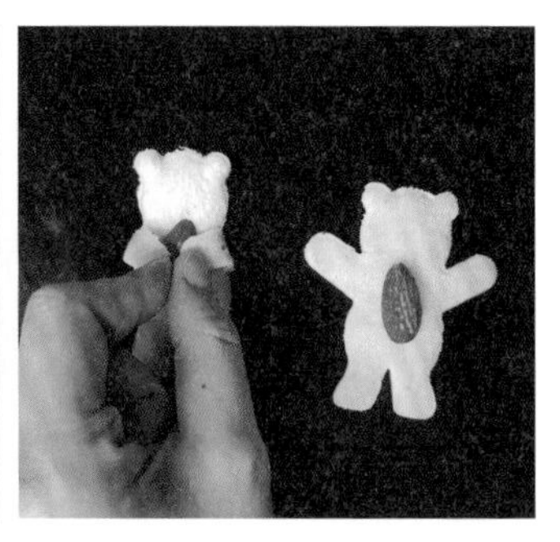

1 用熊熊餅乾模具在吐司上壓出形狀。

2 把熊熊雙手往內折，包住杏仁果。

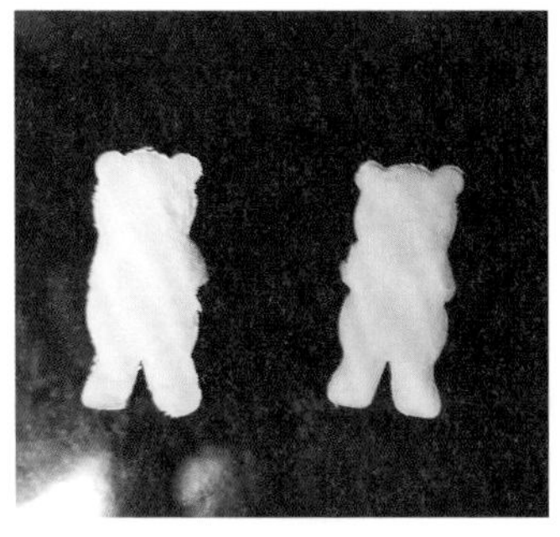

3 把吐司反過來放後，放入預熱好 160℃的烤箱中，烤 8 -10 分鐘。

4 等熊熊的形狀固定後，即可取出。

5 用打洞機壓出海苔五官，沾點美乃滋貼上即可。

GOOD MEMORIES

小刺蝟
肉鬆沙拉吐司

台式肉鬆沙拉麵包是我小時候最喜歡的麵包之一，麵包上甜甜的沙拉醬沾著滿滿的香酥肉鬆一起吃，是我記憶中的人間美味～現在麵包的種類花樣多了，反而常常忽略它而選擇別的……今天用吐司重現記憶中的好滋味，希望孩子也會愛上這份樸實可愛！

《材　料》

吐司 .... 1 片
美乃滋 .... 適量
肉鬆 .... 適量
海苔 .... 1 小片
番茄醬 .... 少許
小番茄 .... 1 顆

《造型工具》

圓形模具◦愛心模具◦珍奶吸管◦打洞機◦表情打洞機◦筷子

1 用稍微壓扁的圓形和愛心模具先壓出吐司形狀。

2 把愛心吐司下端壓圓。

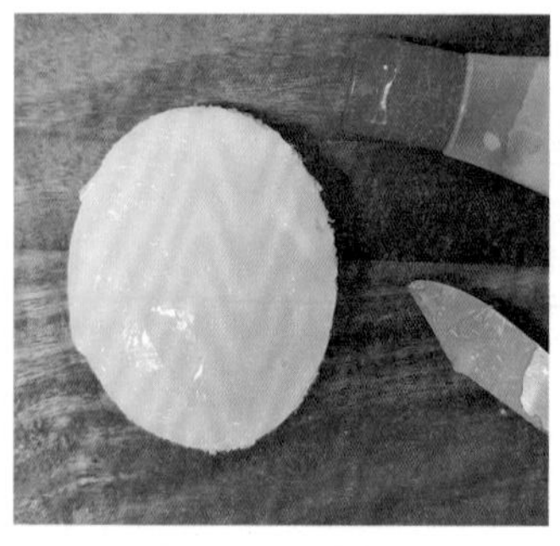

3 在橢圓形吐司上，抹一層美乃滋。

4 接著鋪滿肉鬆。

5 愛心吐司一面抹上美乃滋後放在橢圓吐司上。

6 在吐司邊上用珍奶吸管壓出 7 個小圓。

7 把小圓當成耳朵、手、腳和鼻子分別放好。

8 用打洞機在海苔上壓出五官，沾點美乃滋貼上，用番茄醬點上腮紅。

9 剩下的吐司再壓出 1 個圓形和半個愛心形狀。

10 以同樣方式，嘗試做出不同角度的另一隻刺蝟。

11 放上一顆小番茄，完成！

遇見幸福獨角獸地瓜泥吐司杯

連續 3 年暑假，都陪著孩子們一起去電影院看小小兵，無厘頭的搞笑劇情，豐富了暑假生活。其中第 3 集裡出現了獨角獸角色，那是一個孩子天真可愛的想像，也引起我家兩姐弟的討論。傳說中遇見獨角獸能帶來幸福，今天早晨，就讓媽媽把幸福帶給你們～

《材　料》

吐司 .... 1 片
起士片 .... 1 片
地瓜泥 40g
※ 先把一條地瓜削皮蒸熟後，取 40g 壓成泥後加入牛奶 5g 拌勻

薑黃粉 .... 少許
甜菜根粉 .... 少許
蝶豆花 .... 少許
水煮蛋 .... 1 顆
玉米筍 .... 1 根
海苔 .... 1 小片
煎麵條 .... 1 根

《造型工具》

擀麵棍。剪刀。馬芬烤盤。表情打洞機

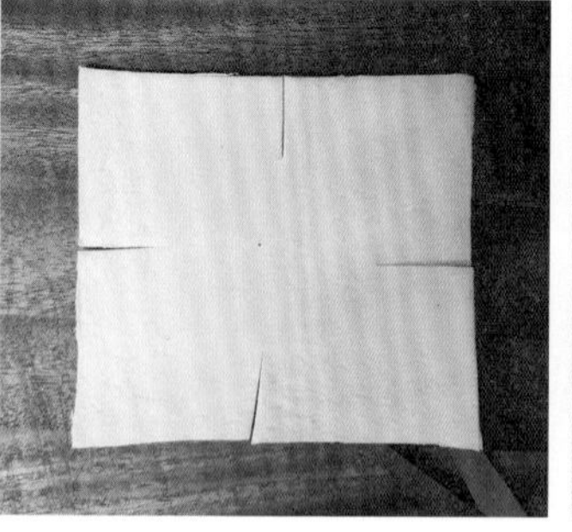

1 將山形吐司去邊，切成 1 個正方形後，先用擀麵棍擀平。

2 四端剪成圓角，在 4 邊中間各剪開一小段。

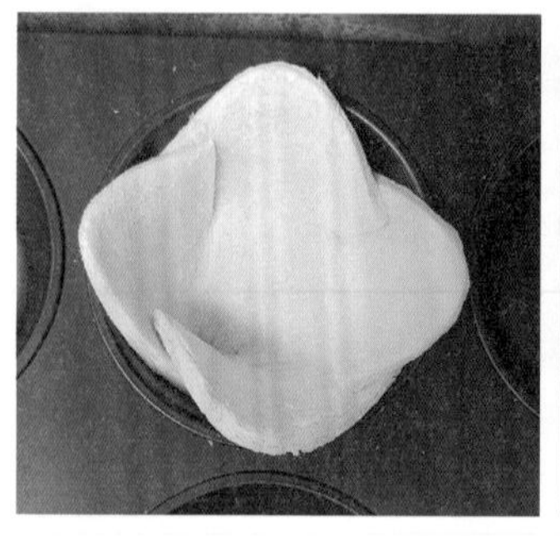

3 把吐司放入馬芬烤盤裡，以交疊方式調整成杯子狀。

4 將 1 片起士片切小塊，放入吐司杯中。

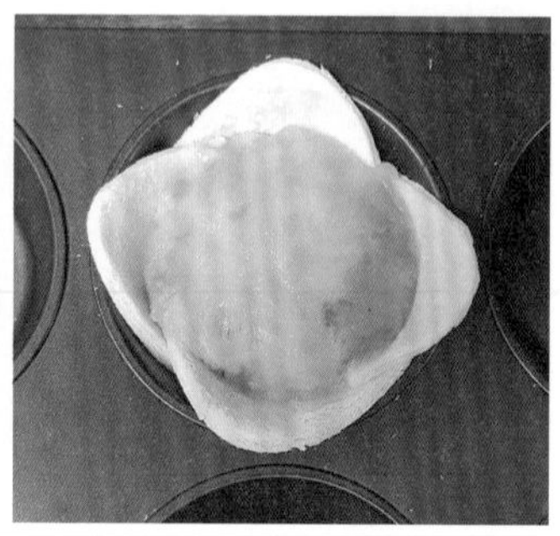

5 把地瓜泥揉成圓餅狀，蓋在起士片上，放入預熱好 180℃的烤箱中，烘烤 8-10 分鐘。

6 把之前切下的吐司碎邊擀平。

7 剪出獨角獸的尾巴和頭上的鬃毛。

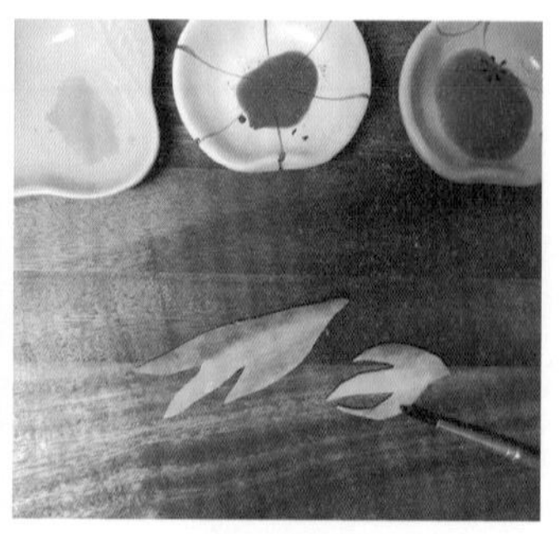

8 把薑黃粉、甜菜根粉和蝶豆花用熱水泡出顏色後，在尾巴和鬃毛上著色。

9 水煮蛋煮好後切成兩半，其中一半趁溫熱捏成尖尖的形狀，如圖。

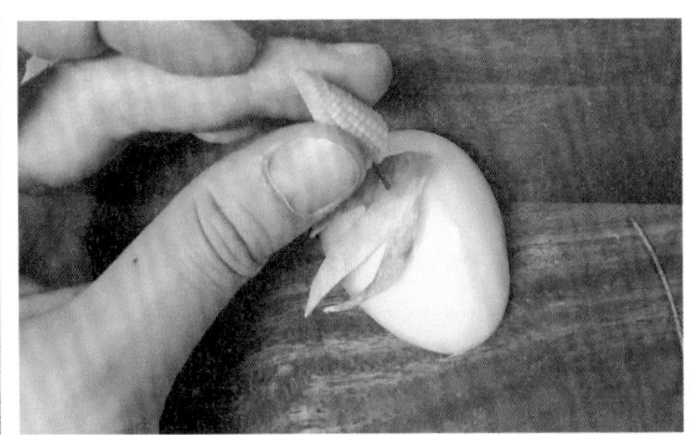

10 玉米筍煮熟後切下前端 2cm，插上煎麵條。把鬃毛放在塑形好的水煮蛋上，用玉米筍插入固定。

11 用吐司碎邊剪出 2 個三角形當耳朵，插入煎麵條後插在鬃毛兩邊。

12 用打洞機壓出海苔眼睛貼上。

tip 翹翹眼睫毛的做法請參考 P.135。

13 把另一半水煮蛋和吐司邊剪成的長條，放在烤好的地瓜塔上。

14 放上獨角獸的頭。

15 尾巴用煎麵條插上固定，就完成囉！

森林小鹿漢堡包

移民到加拿大的朋友在臉書上放了一張鹿的照片，是在登山路徑上巧遇的，身材高大到讓人卻步，完全顛覆了我對鹿的想像！印象中的鹿是可愛動物區的代表，就像今天呈現在餐盤上的溫馴優雅。網路的無遠弗屆常常讓人大開眼界呢！

《材　料》

漢堡包 .... 1 個
美乃滋 .... 適量
荷包蛋 .... 1 個
小黃瓜 .... 1 根
白色起士片 ...... 1 片
火腿 .... 1 片
海苔 .... 1 小片

《造型工具》

大圓形模具（直徑 8cm）。
小圓形模具（直徑 6cm）。
珍奶吸管。剪刀

1 在漢堡包上方 1/3 處，用刀往下切一道開口。

2 在裡面加入美乃滋、荷包蛋和黃瓜片。

3 用大的圓形模具在起士片上壓出 2/3 圓，如圖。

4 再用大的圓形模具交錯壓出葉子形狀，一共壓出 2 片。

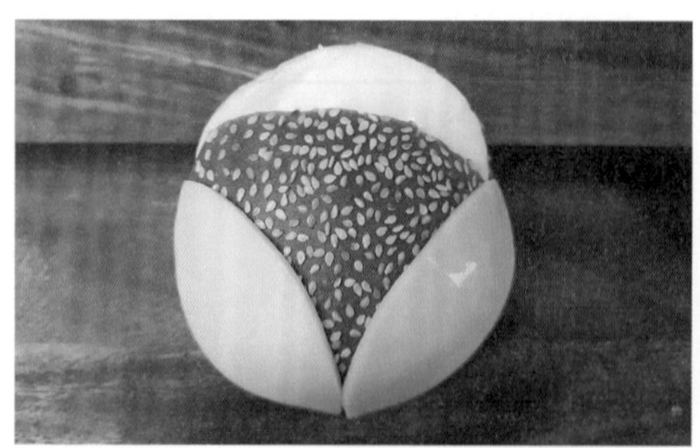

5 把 2 片起士片貼在漢堡包的正面。

6 依照同樣方法，用小的圓形模具壓火腿和起士片，做出耳朵。

7 把耳朵從漢堡包後方插入放好。

8 用珍奶吸管壓火腿片當鼻子，再用海苔剪眼睛貼上。

9 用小黃瓜切出F形狀當鹿角。

10 從後方把鹿角插入兩耳間，完成囉！

SPECIAL DAY!
MAKE SURE
KEEP WARM

貓抓老鼠熱狗麵包

阿姨家養了兩隻貓，兩個小傢伙每次去，就愛拿著逗貓棒和貓咪玩。看著貓咪認真奮力朝逗貓棒撲過去的模樣，實在可愛又有趣。簡單的熱狗麵包夾入喜歡的內餡，再用水煮蛋點綴成貓抓老鼠的情境，早餐也可以歡樂有趣！

《材　料》

毛豆仁 .... 1 小匙
玉米粒 .... 1 小匙
美乃滋 .... 少許
鹽 .... 少許
洋香菜葉 .... 少許
水煮蛋 .... 1 顆
煎麵條 .... 2 根
海苔 .... 1 小片
火腿 .... 1/4 片
黃色起士片 ... 1/2 片
熱狗麵包 .... 1 個

《造型工具》

珍奶吸管。表情打洞機。噴霧瓶小瓶蓋。剪刀。吸管

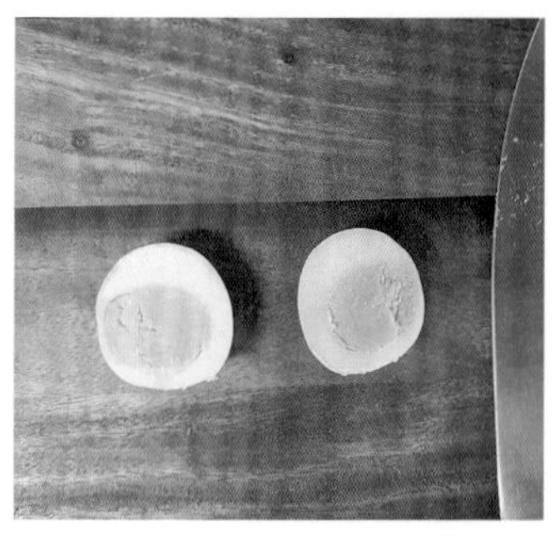

1 把毛豆仁燙熟後，加入玉米粒、美乃滋、鹽、洋香菜葉拌勻成毛豆沙拉。

2 水煮蛋趁溫熱捏住兩端塑形後，把蛋切開成兩半。

3 其中一半切成 1 個大三角形、2 個小三角形，並用珍奶吸管壓出 2 個小圓。

4 把小三角形用煎麵條插到另一半水煮蛋上當耳朵。

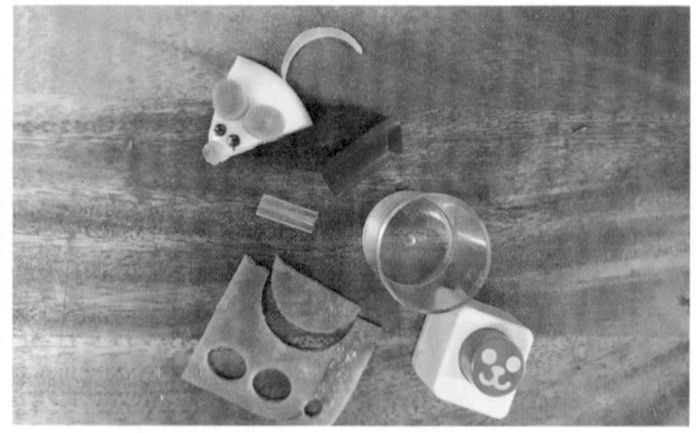

5 用打洞機壓海苔當五官，並插入煎麵條當鬍鬚。

6 大三角形水煮蛋用來當老鼠的身體。以用打洞機壓出的圓形海苔當眼睛，火腿片壓圓做出耳朵、鼻子，並用小瓶蓋壓出尾巴。

7 用黃色起士片切出2個大小相同的三角形，其中一個上面用吸管壓出洞。

8 把2個三角形疊起來。

9 把毛豆沙拉餡填入熱狗麵包裡。

10 把完成的配件都擺上定位，就完成了！

旺旺小柴犬
佐焗烤紅醬餐包

這兩年卡通手撕包好受歡迎呀！除了自己揉麵來製作，也可以利用現成的小圓餐包，在烤盤裡圍成一個圈，中間填入番茄肉醬和焗烤乳酪絲一起烤熱，取出後再做造型也很可愛呢！

《材　料》

餐包 .... 6 - 7 個
番茄紅醬 .... 適量
※ 製作方法請詳見 P.36
焗烤乳酪絲 ..... 適量
白色起士片 ...... 3 片
海苔 .... 1 小片
美乃滋 .... 少許
煎麵條 .... 2 根

《造型工具》

愛心模具 ◦ 噴霧瓶小瓶蓋 ◦ 吸管 ◦ 表情打洞機

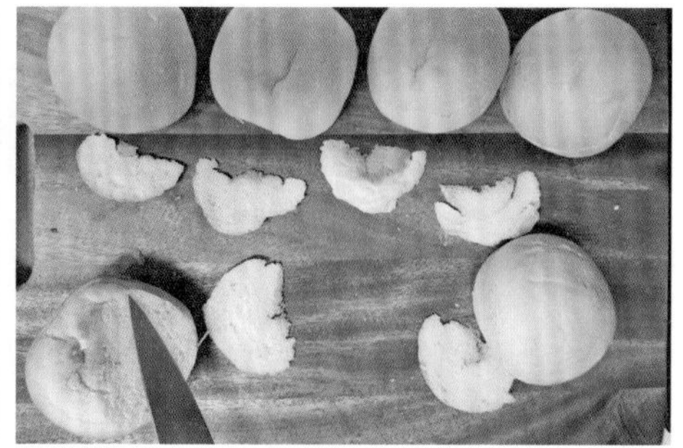

1 先將每個餐包底部斜切下一小片。

2 把餐包圍一圈排好，中間填入番茄紅醬。

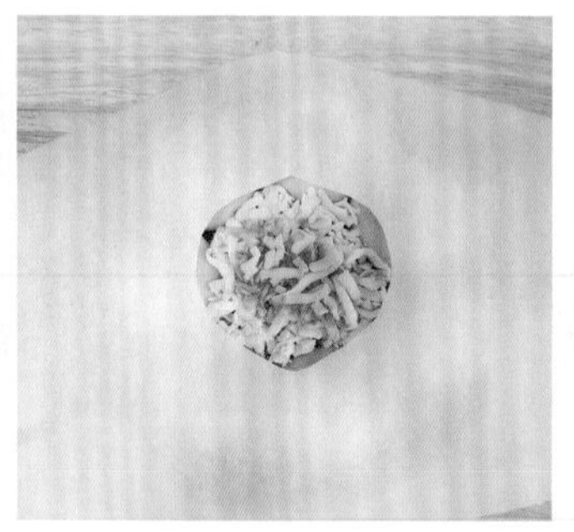

3 在紅醬上鋪焗烤乳酪絲，再取烘焙紙中間剪個洞蓋在餐包上，露出焗烤部分，放進預熱好 160℃的烤箱，烤約 12 分鐘。

4 用愛心模具的上半部，在起士片上壓出 M 形。

5 把壓出來的起士片，依上圖般蓋在烤好的餐包內側。

6 再用噴霧瓶小瓶蓋和吸管，壓出大小不同的起士圓片，放到餐包上。

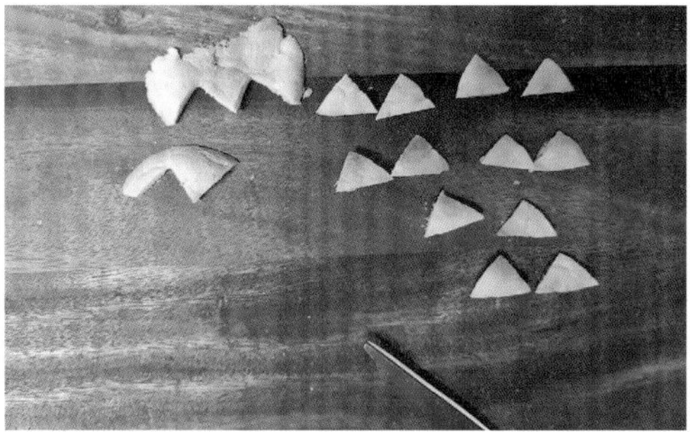

7 用表情打洞機在海苔上壓出五官，沾點美乃滋貼上。

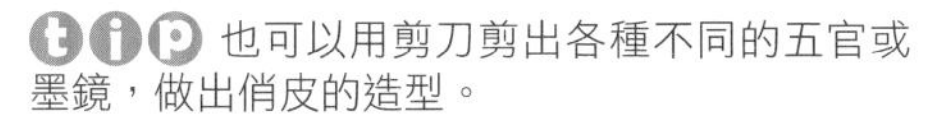

tip 也可以用剪刀剪出各種不同的五官或墨鏡，做出俏皮的造型。

8 把步驟 1 切下的餐包，用剪刀剪出 12 個小三角形。

9 把三角形用煎麵條插到餐包上當耳朵，小柴犬就完成囉！

海象媽咪寶貝蜂蜜水果鬆餅

兩個孩子我都是餵母奶且自己照顧。記得幼兒時期，不管媽媽走到哪，身邊一定會有一個小跟班，雖然累，卻是甜蜜的負擔。煎了幾片鬆餅，重現寶貝依偎在媽咪身旁的模樣，淋上蜂蜜一起吃，甜蜜再次湧上心頭！

《材　料》

大圓形鬆餅 ...... 3 片
小圓形鬆餅 ...... 2 片
白色起士片 ...... 1 片
海苔 .... 1/4 片
黑芝麻粒 .... 少許
美乃滋 .... 少許

《造型工具》

剪刀。叉子模具。愛心模具。圓形模具。養樂多吸管

※ 鬆餅請用市售鬆餅粉依照包裝上標註比例調好麵糊，下鍋煎出圓形鬆餅備用。

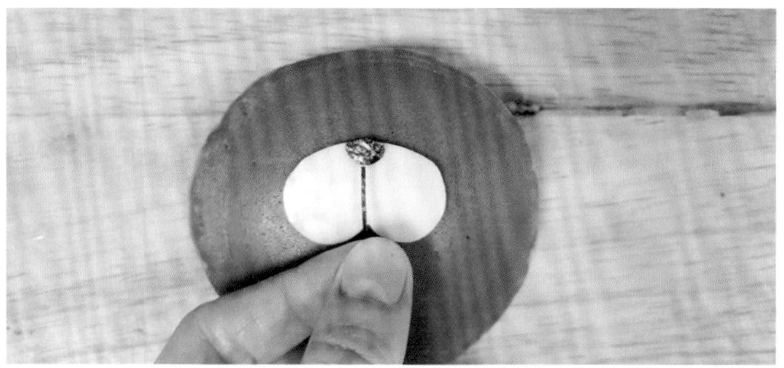

1 起士片用愛心模具壓成愛心後，再用圓形模具把下方尖端處壓成圓弧狀。接著把壓好的起士片放在大圓形鬆餅中間，用剪刀剪出鼻子部位的海苔。

2 在起士片兩邊各放上 3 顆黑芝麻粒。

3 用海苔剪出 2 個圓形當眼睛，沾點美乃滋貼上，再用養樂多吸管壓起士片小圓當眼珠。

4 用叉子模具的前端壓起士片當成牙齒。

5 用愛心模具壓出 2 片一半的愛心，當成海象的腳。把大圓形鬆餅疊在一起即為海象媽媽。

tip 小圓形鬆餅按照上述方法做出五官，即為海象寶寶。搭配蜂蜜和水果一起吃，就是美味的蜂蜜水果鬆餅囉！

夏日貝果游泳圈

夏天一到，游泳池總是擠滿一群孩子戲水嬉鬧。還沒學會游泳之前，恩恩都是套著游泳圈下水，一顆大大的頭浮在水面，雙手用力划啊划的可愛模樣，一直深深印在我的腦海裡。孩子成長的每個片段，都是媽媽最珍貴的記憶～

《材　料》

楓糖 .... 1 小匙
核桃碎 .... 1 小匙
鹽巴 .... 1 小撮
奶油乳酪 ...... 1 大匙
貝果 .... 1 個
水煮蛋 .... 1 顆
薑黃粉 .... 適量
白色起士片 ...... 1 片
海苔 .... 1 小片

《造型工具》

圓形模具。珍奶吸管。叉子模具。剪刀。竹籤。表情打洞機。打洞機

製作步驟 START

1 把楓糖、核桃碎、1 小撮鹽加入奶油乳酪裡拌勻，做成抹醬。

2 把貝果橫切成兩半，抹上楓糖核桃乳酪抹醬。

3 水煮蛋趁熱捏住兩端，等它冷卻變圓後，縱切成兩半。

4 其中一半先取出蛋黃，泡入加了薑黃粉的熱水（分量外）中，泡 10 分鐘。

tip 熱水必須到達滾沸的熱度。

5 取出後把蛋黃塞回，用圓形模具壓成兩半，取上半當成裙子。

6 在水煮蛋上用珍奶吸管壓出幾個洞。

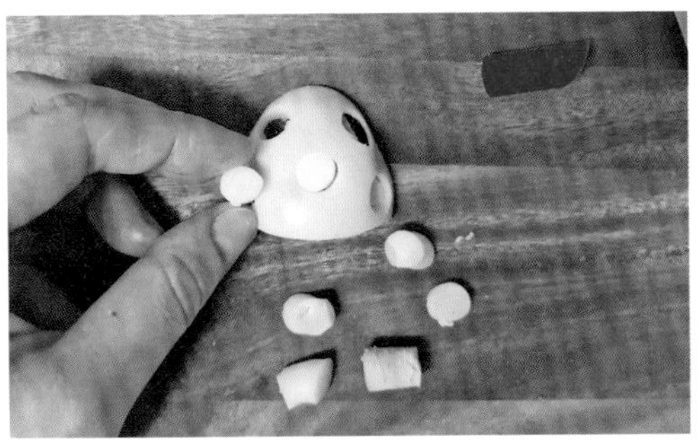

7 把壓出來的蛋反面插回洞裡，白色面露在外面。

8 把兩半水煮蛋放到貝果上，如圖。

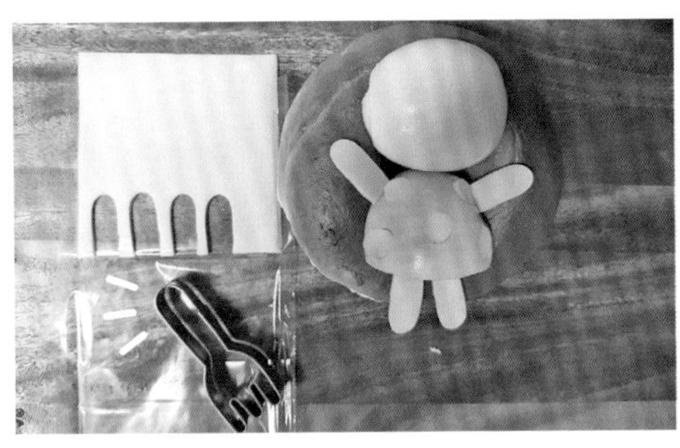

9 用叉子模具壓出手腳形狀的起士片，放到水煮蛋上。

10 用海苔剪出太陽眼鏡貼在起士片上，再用竹籤沿著海苔割出稍微大一點的起士片。

11 放好太陽眼鏡，再用打洞機壓海苔五官貼上。

12 最後再用叉子模具的尾端壓出兔耳朵放上即可。

《飯飯篇》

在做以飯為主食的造型時，
通常會使用不同形狀的飯糰來當造型的基礎。
只要先捏出想要的輪廓，造型就成功了一半！
飯在還有餘溫時很好定型，媽媽們不妨發揮創意，
試著捏捏看各種不同的形狀吧！

★小小動物園野餐盒
☆國王企鵝海苔飯糰
★甜蜜布丁飯
☆小獅王壽司
★兩小無猜三角飯糰
☆小雞毛巾壽司捲
★水果多多飯糰
☆小火車出遊趣
★寶貝的心愛小被被

GOOD MEMORIES

小小動物園野餐盒

還記得小時候遠足，手上提著媽媽準備的餐盒，和同學說說笑笑走到目的地，是每學期最期待的時刻！現在自己也當了媽媽，我喜歡親手幫孩子準備校外教學的餐盒，捏幾個繽紛可愛的小飯糰，想像孩子打開蓋子時驚喜的笑臉，就是媽媽最大的滿足！

《材　料》

薑黃飯 60g
玉米粒 .... 1 小匙
鹽 .... 少許
胡椒粉 .... 少許
海苔 .... 1/4 片
白色起士片 ... 1/4 片
白飯 100g
番茄醬 .... 少許
火腿 .... 1/4 片
蜜黑豆 .... 2 顆
煎麵條 .... 2 根

《造型工具》

保鮮膜。小紙杯。噴霧瓶小瓶蓋。打洞機。
表情打洞機。剪刀。吸管

小老虎製作步驟

START

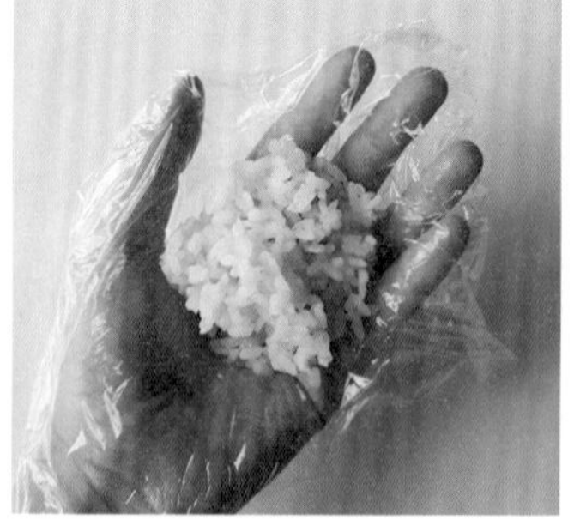

1 在手掌心鋪保鮮膜，放上30g薑黃飯。

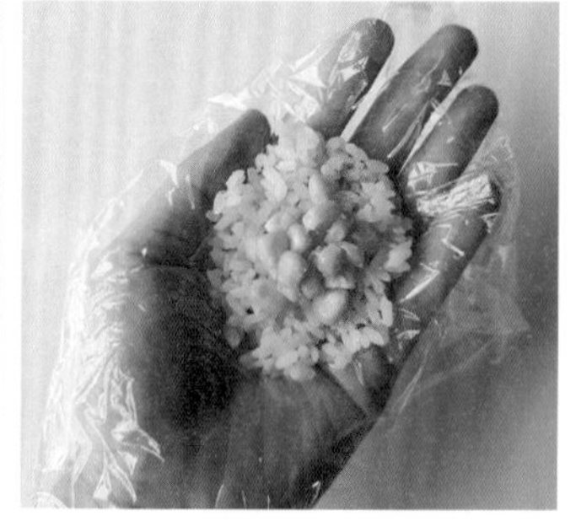

2 把玉米粒放中間，撒點鹽和胡椒粉調味。

3 再取20g薑黃飯蓋在上面，保鮮膜向上拉後束起來，捏成緊實圓球狀。

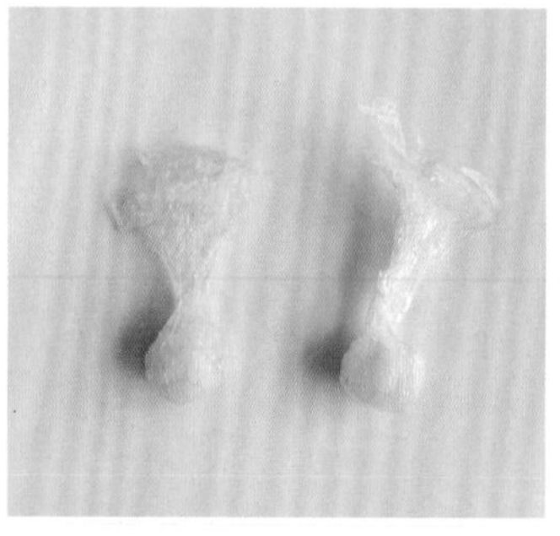

4 剩下的10g薑黃飯捏成2個小圓球。

5 將步驟3捏好的圓球飯糰拆下保鮮膜後，放到小紙杯中當臉。

6 折下2小段煎麵條，插入拆下保鮮膜的小圓球飯糰中，再裝到臉部飯糰上方當耳朵。

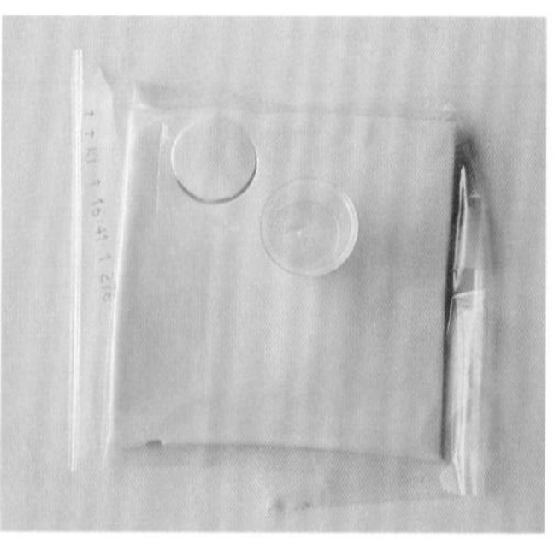

7 用噴霧瓶小瓶蓋在起士片上壓1個圓。

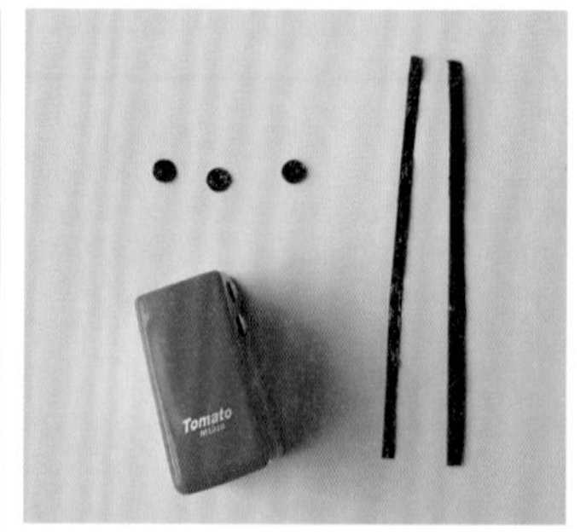

8 海苔用打洞機壓出3個圓形，並剪出2段直條。

9 把起士片放到臉上，再貼上圓形海苔當眼睛和鼻子，再把直條的海苔剪成小段貼成老虎條紋。

10 最後用表情打洞機在海苔上壓出嘴巴，貼上即可。

小豬 製作步驟 START

1 取白飯 50g，加點番茄醬拌成淡紅色。

2 取 40g 的紅飯，用保鮮膜捏成圓球後拆開，放到小紙杯上。

3 剩下的 10g 紅飯捏成 2 個三角形後，拆下外層的保鮮膜。

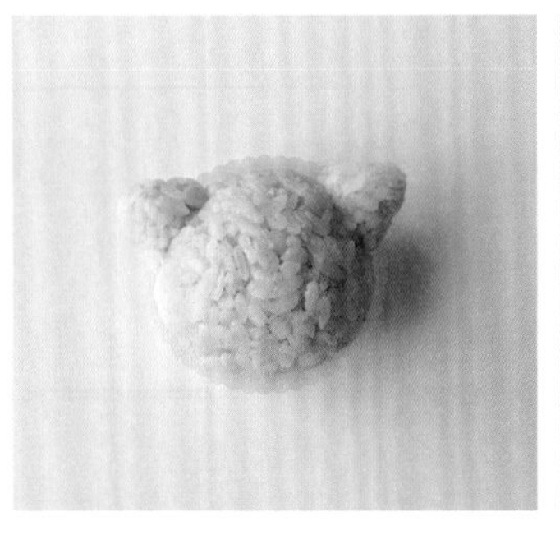

4 將煎麵條折下 2 小段，插入三角形飯糰中，裝到臉部飯糰的上方當耳朵。

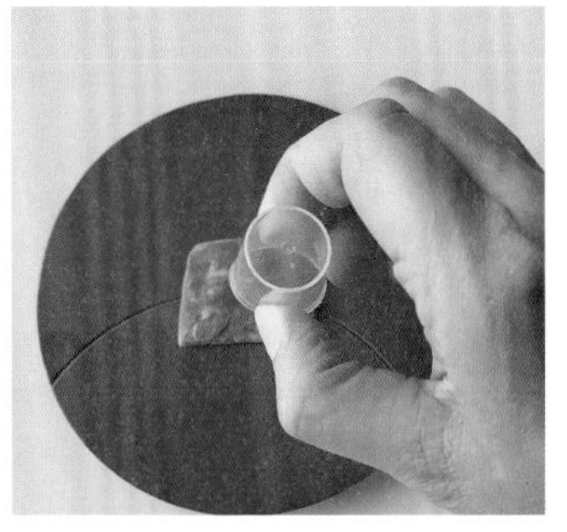

5 將小瓶蓋稍微捏扁，在火腿上壓出橢圓形。

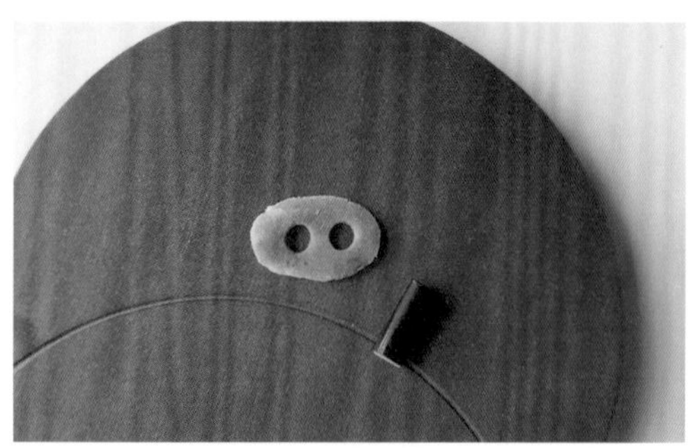

6 用吸管壓出 2 個鼻孔。

7 最後用打洞機壓出海苔五官貼上即可。

1 取白飯 50g，捏成圓球狀後，裝到小紙杯中。

2 折 2 小段煎麵條，插入蜜黑豆中，再裝到臉部飯糰上當耳朵。

tip 沒有黑豆也可用圓形海苔代替。

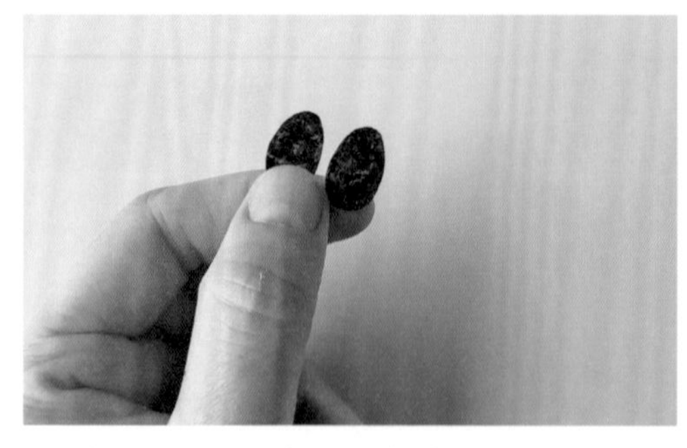

3 把小片海苔對折，剪出橢圓形狀的眼睛，貼到飯糰上。

4 用表情打洞機在海苔上壓出鼻子嘴巴，貼上即完成。

國王企鵝海苔飯糰

海苔對孩子有種吸引力，白飯加上它後，就會變得特別可口（笑）。簡單把白飯揉成圓球狀，用海苔包起後變身成國王企鵝，每一口都讓孩子吃得津津有味。

《材　料》

白飯 70g
拌飯香鬆 .... 適量
海苔........................ 1張
（至少大於 12×12cm）
玉米粒 2粒
煎麵條 2小段
火腿................. 1小片

《造型工具》

保鮮膜。剪刀。表情打洞機。吸管。蝴蝶結造型叉

1 先取白飯40g在保鮮膜上鋪平，並在中間舀入適量的香鬆（香鬆盡量集中）。

2 再把剩下的白飯覆蓋在香鬆上。

3 把保鮮膜向上拉起，束起白飯後捏成一個緊實的圓球狀。

4 把海苔剪出12×12cm的大小。

5 海苔輕輕對折（不要折斷），用剪刀在中間剪出一半的愛心形狀。

tip 注意愛心大小不可超過飯糰大小。

6 海苔打開後，把飯糰放在剪出來的愛心洞口上。

7 在海苔四周剪出放射狀直線，快碰到飯糰時就停下來。

8 把四周的海苔都往內折，貼在飯糰上。

tip 盡量趁飯還有餘溫時捏，以免米飯沒有水氣，海苔無法貼合。

9 接著用保鮮膜把飯糰整個包緊後，靜置5分鐘，讓海苔吸收飯的水氣，變得更服貼、光滑。

10 用表情打洞機在海苔上壓出眼睛，貼到企鵝的臉上。

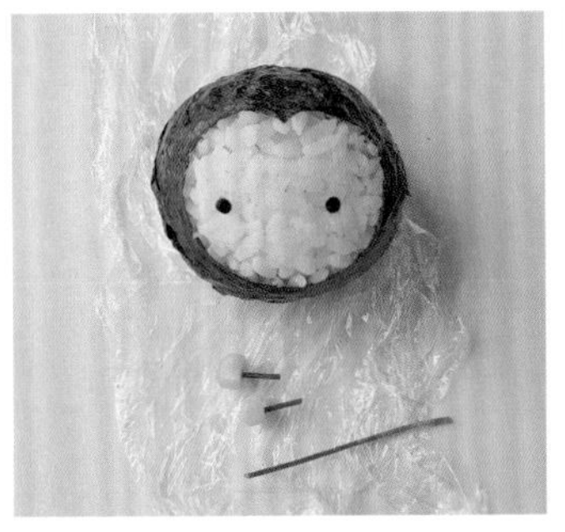

11 將煎麵條折成2小段，分別插到2顆玉米粒中。

tip 玉米粒的尾端切平再插，貼合度會比較高。

12 把玉米粒插到企鵝的臉上，做出嘴巴。

13 最後，用吸管壓火腿片或是點上番茄醬當腮紅即可。

14 插上蝴蝶結造型叉，就變成可愛的小女生囉！

甜蜜布丁飯

ㄉㄨㄞ ㄉㄨㄞ的布丁一直都是許多小孩子心中的點心極品！不管是市售或是自己做的，連國中的姐姐也難以抗拒～煮飯時在水裡撒了些薑黃粉，開蓋後黃澄澄的顏色真的好迷人。用它做成甜蜜蜜的布丁造型，嚐起來感覺格外美味！

《材　料》

薑黃飯 .... 1 碗
肉鬆 .... 1 大匙
熟毛豆仁 .... 1 小匙
鹽 .... 少許
香油 .... 少許
海苔 .... 1 小片
美乃滋 .... 少許

《造型工具》

蛋糕紙杯。保鮮膜。表情打洞機。鑷子。

1 米洗淨後在水裡撒幾下薑黃粉，煮出薑黃飯。

2 取 1 大匙肉鬆，加入少許美乃滋拌勻。

3 取 1 個蛋糕紙杯，放入肉鬆後用小湯匙壓緊實。

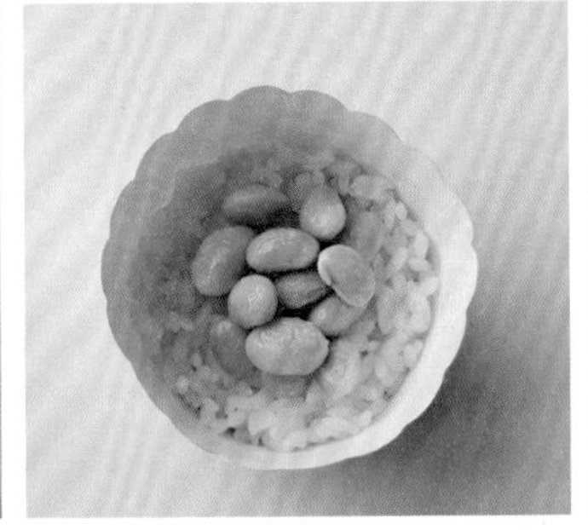

4 舀入薑黃飯到紙杯的 1/2 高度，在中間放入用鹽和香油拌過的毛豆仁。

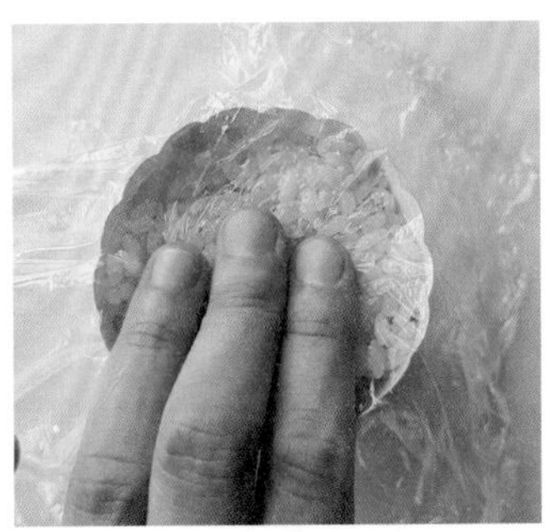

5 再舀入薑黃飯，把紙杯填滿，蓋一層保鮮膜後，把飯按壓緊實。

6 撕開蛋糕紙杯（免洗紙杯也可以）。

7 把飯倒扣在餐盤上。

8 最後用表情打洞機在海苔片上壓出五官，貼上即可。

小獅王壽司

壽司算是我家最受歡迎的早餐名單之一。海苔鋪上醋飯，再把喜歡的內餡捲起來，切成一片片，美味又好入口！在好市多買了包德式香腸，脆脆的外皮大人小孩都喜歡。加個蔥花蛋包進壽司裡，不一會盤底就朝天啦～

《材　料》

雞蛋 .... 1 顆
青蔥 .... 1 支
海苔片 ... 1 整張和 1 小片
白飯 200g
鹽 .... 少許
壽司醋 20g
熱狗 .... 1 根
火腿 .... 1 小片
煎麵條 .... 3 根

《造型工具》

保鮮膜◦表情打洞機◦吸管

1 蔥切蔥花，加入雞蛋和鹽拌勻後，用玉子燒鍋煎成蛋皮。

tip 也可以用一般平底鍋，只是需要比較多顆蛋。

2 在桌上鋪保鮮膜後，在上面放 1 張壽司海苔片。

3 白飯用壽司醋拌勻後，平鋪在海苔上。

4 如圖放上煎好的蛋皮和熱狗，蛋皮約為白飯的一半大。

5 拉起保鮮膜，用海苔把壽司飯、蛋皮和熱狗捲起來。

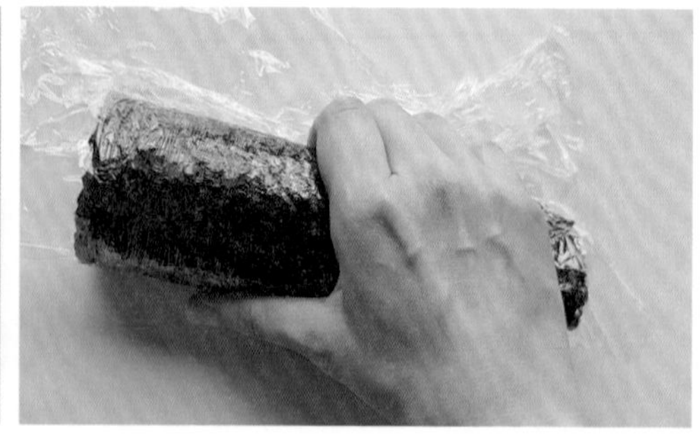

6 邊捲手邊往內收緊，壽司捲起來後才會緊實。

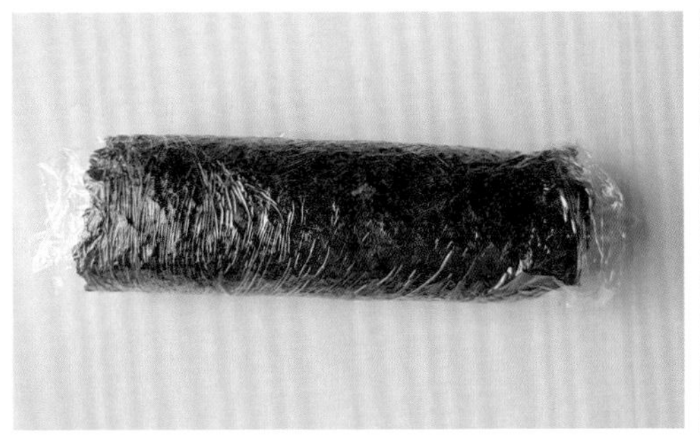

7 捲好後用保鮮膜包起來。

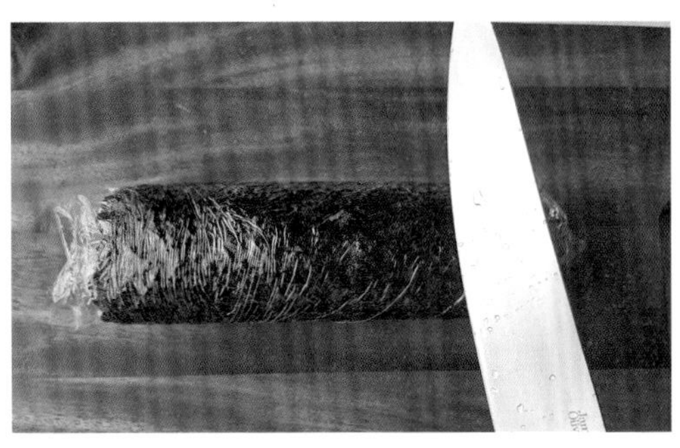

8 刀沾點開水後，隔著保鮮膜切片，避免飯粒沾黏。

tip 如果刀子開始黏飯，就要先洗乾淨再繼續切。

9 每片寬度約 2cm。

10 用表情打洞機在海苔上壓出五官，貼到熱狗上。

11 把煎麵條折成小段後，插到熱狗上當鬍鬚。

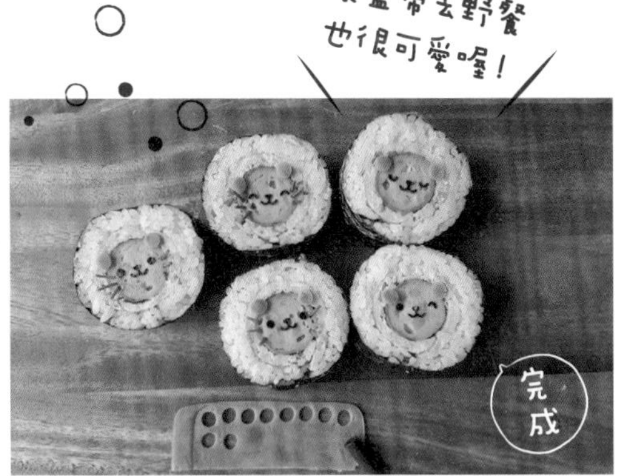

12 用吸管在火腿片上壓出小圓當耳朵，完成！

兩小無猜三角飯糰

大學時期住宿在外，早餐常常就是一個超商的三角飯糰。雖然現在的口味越出越多，我還是鍾情肉鬆口味～把飯糰先揉圓後再捏成三角形，小小一個好可愛！煎好的玉子燒趁熱用竹簾捲成三角形，今天的餐桌是三角形派對！

《材　料》

白飯 80g
海苔 1片
煎麵條 1段
番茄醬 .... 少許
黃色起士片 1片

《造型工具》

保鮮膜。
打洞機。
表情打洞機。

1 先取70g白飯用保鮮膜包起，捏緊成圓球狀後，再塑型成三角形，接著剪一塊海苔，在一邊剪出一個半圓缺口。

2 拆掉保鮮膜，把海苔缺口貼在三角飯糰的上半部。

3 飯糰翻到背面，在海苔上剪出放射狀長條。

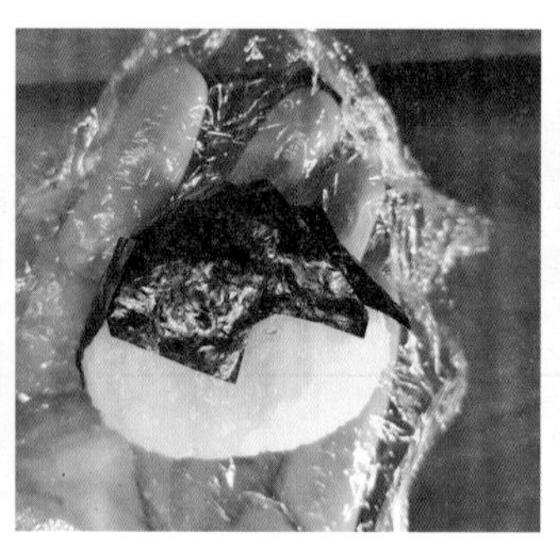

4 把長條往內貼在飯糰上。

5 用保鮮膜把飯糰整個包起來靜置5分鐘，讓海苔吸收飯的溼氣變得服貼。

6 把10g白飯捏成小圓球，放在一小片海苔上。

7 在海苔四周剪出放射狀長條。

8 長條往內貼在飯糰上。

9 用保鮮膜把小圓飯糰包起來，靜置5分鐘。

10 把小圓飯糰用煎麵條插在三角飯糰上當成包包頭。

11 用打洞機壓海苔五官貼上，再用番茄醬點上腮紅。

12 最後用起士片壓出頭飾即可。

三角形玉子燒

1. 3 顆雞蛋按照一般玉子燒做法先煎好。
2. 煎好的玉子燒趁熱倒在壽司竹簾一端。
3. 用竹簾把玉子燒捲一圈後，把竹簾捏成三角形 3 分鐘。
4. 打開竹簾後，將三角形玉子燒切片，再貼上海苔。

小雞毛巾壽司捲

第一次看到毛巾壽司捲是在 IG 上，壽司的外層裹著卡通圖案的米飯，真的讓人眼睛一亮！把壽司海苔剪成比較小的尺寸，包好的壽司捲一個人食用剛剛好，裝進便當盒帶去野餐也非常棒呢！

《材　料》

海苔 .... 1 片
白飯 130g
壽司醋 15g
薑黃粉 .... 少許
小黃瓜 .... 1 小段
蟳味棒 .... 2 根
美乃滋 .... 適量
肉鬆 .... 適量
雞蛋 .... 1 顆
紅蘿蔔 .... 1 小片

《造型工具》

小圓模具。細吸管。表情打洞機。擀麵棍。保鮮膜

※ 我的小圓模具是使用花嘴的背面，也可以用瓶蓋來壓。

1 海苔剪下 2/3 片，小黃瓜切成細條備用。雞蛋打成蛋液後炒熟，放涼備用。

2 取 110g 白飯，趁熱加入壽司醋調成醋飯後，用保鮮膜包起捏成圓球狀。

3 隔著保鮮膜，把飯用擀麵棍擀成跟海苔差不多大小的飯片。

4 用小圓模具在飯片中間壓出 4 個空洞。

5 取一點點的熱水（分量外）撒少許薑黃粉拌勻，再倒入 20g 白飯中，拌成黃色飯。

tip 薑黃水的量，足以染色即可，以免飯變得太濕。

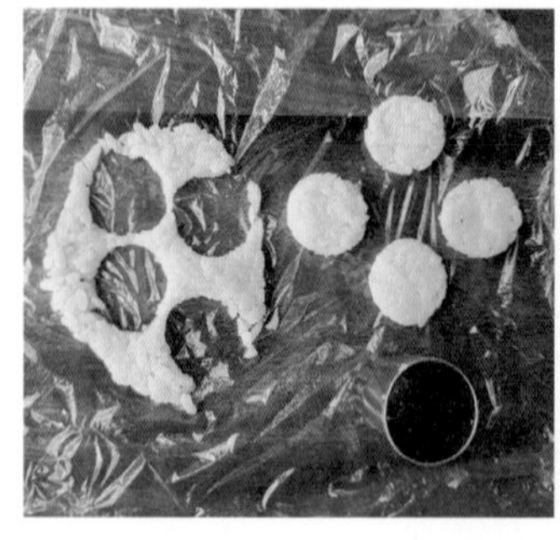

6 把黃色飯包著保鮮膜，用擀麵棍擀平，再用同樣的小圓模具壓出 4 個小圓。

7 把黃色的小圓填入白飯片的空洞中。

8 蓋上剪好的 2/3 片海苔，切掉邊邊多餘的飯。

9 小黃瓜切成細條放到海苔上，再擺上蟳味棒和少許美乃滋。

10 接著疊上炒蛋和肉鬆。

11 拉起保鮮膜，把壽司捲起，邊捲手要邊往內把壽司捲收緊實。

12 捲好後用保鮮膜包起來，稍微調整形狀。

13 捏著吸管，在紅蘿蔔片上壓出橢圓形的嘴巴。

14 再用表情打洞機在海苔上壓出眼睛，貼上即完成。

15 可愛的小雞毛巾捲，料多味美，超受孩子們歡迎喔！

水果多多飯糰

台灣一年四季都有好吃的水果，謝謝辛苦栽種的果農們，讓我們好有口福！家裡的冰箱總會準備幾樣新鮮水果，從早餐開始，我就會適量準備跟著主食一起出餐。先生和孩子一天在外的時間多，多多補充維他命 C 更能儲備活力！

《材　料》

白飯 .... 1 碗
紫薯粉 .... 少許
青花菜 .... 4 小朵
薑黃飯 .... 半碗
黑芝麻粒 .... 1 小撮
肉鬆 .... 適量
海苔酥 .... 適量

《造型工具》

保鮮膜。三角飯糰模具

1 紫薯粉加熱水調勻後加入一半的白飯裡拌勻。

tip 紫薯粉的量不需要太多，可以染出紫色即可。

2 用保鮮膜捏出 6 個小圓飯糰後，拆掉保鮮膜排成葡萄形狀。

3 在葡萄飯糰上放上燙熟調味的青花菜。

4 其他燙熟的青花菜剪下綠色花穗部分，加入另一半的白飯中拌勻。

5 在三角飯糰模具的內部先擦上開水，再放入適量的青花菜拌飯。

6 用保鮮膜把青花菜拌飯捏緊壓平。

7 再舀入少許白飯，一樣用保鮮膜捏緊壓平。

8 剩下的空間先舀入一半的薑黃飯，並在中間鋪上肉鬆。

9 再蓋上剩下的薑黃飯。

10 一樣用保鮮膜壓平。

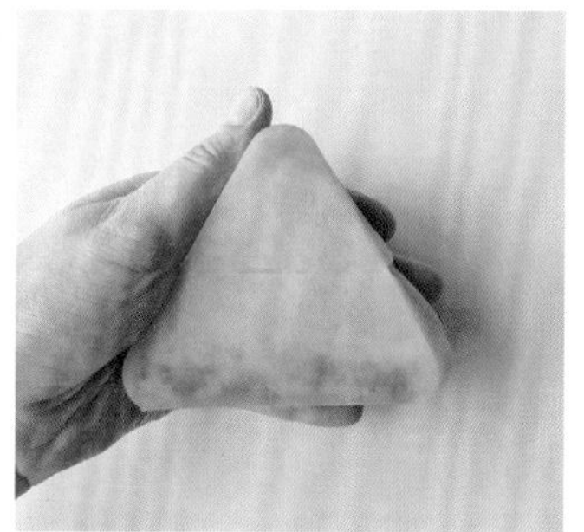

11 蓋上模具蓋子，調整飯糰形狀。

12 倒出後在黃色部分灑上黑芝麻即可。

13 搭配海苔酥一起食用，小朋友超喜歡！

小火車出遊趣

「火車快飛，火車快飛，穿過高山，越過小溪……」這首兒歌是恩恩小時候最愛唱的一首，邊唱還會邊手舞足蹈，模樣實在天真可愛！又到了星期五，一早起床已經太陽高照，用飯糰捏成了嘟嘟小火車，開心迎接週末假期的到來～

《材　料》

白飯 130g
鮪魚罐頭 .... 適量
美乃滋 .... 適量
洋香菜 .... 適量
海苔 .... 1/2 張
黃色起士片 ....1/2 片

《造型工具》

保鮮膜。表情打洞機。打洞機。剪刀。
吸管。珍奶吸管

製作步驟
START

1 保鮮膜上鋪上白飯 70g，中間舀入適量用美乃滋和洋香菜拌勻的鮪魚罐頭。

2 把剩下 60g 白飯覆蓋上。

3 把保鮮膜向上拉起，束起白飯後捏成緊實的橢圓球狀。

4 再隔著保鮮膜用手把飯捏成長方形。

5 用手在長方形的一端，壓出斜斜的坡度。

6 捏好後的側面。

7 海苔用打洞機壓出眼睛和嘴巴，貼到斜面上。

8 用剪刀把海苔剪成長條，在飯糰下方繞一圈貼好。

9 接著再剪出多段細長條的海苔，如圖般平行貼2條到飯糰上方。

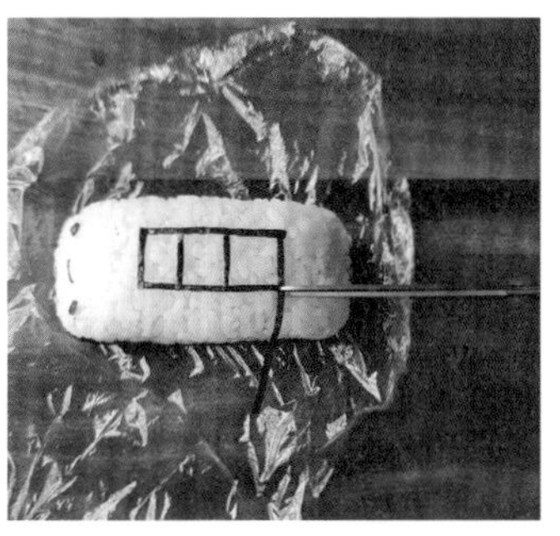

10 換貼中間的直條，做出頂部的天窗，如圖。

11 側面也先平行貼上2條海苔。

12 換貼中間直條，做出車窗。

13 拿一小片海苔對折，剪出2個小三角形當眉毛。

14 用吸管將起士片壓出2個小圓，貼在嘴巴兩旁當腮紅。

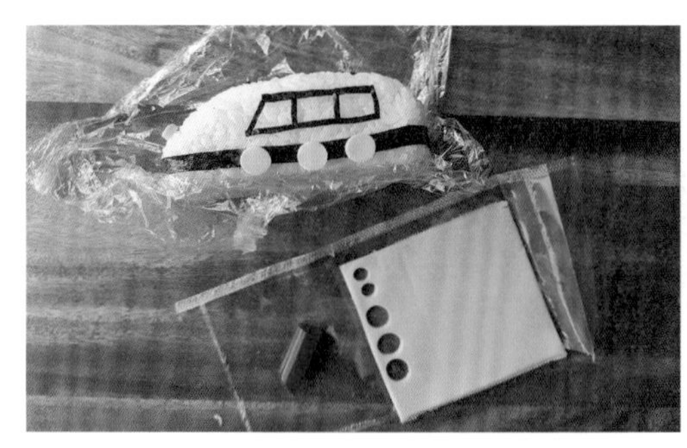

15 最後用珍奶吸管壓起士圓片後，貼到下方的海苔條上當輪胎即可。

16 小火車要出發囉，快搭上車吧！

寶貝的心愛小被被

幼兒時期恩恩很怕黑，晚上睡覺總要留一盞小燈，還有一件一直不離身的小被被陪著才行。到現在三年級了，燈已經不用開，但小被被仍然抱著入睡，雖然已經洗到褪色粗糙，但卻一直溫暖著孩子的心！用分蛋法煎了雙色蛋皮當小被被，看著安穩入睡的寶貝臉龐，真是最美的一刻。

《材　料》

雞蛋 2顆
白飯 110g
高麗菜、紅蘿蔔（炒蔬菜用）............ 適量
鹽 .... 少許
烤好的雞塊 2塊
紅蘿蔔片（裝飾用）............ 1小片
海苔 1小片
番茄醬 .... 少許

《造型工具》

星星模具。兔子模具。表情打洞機

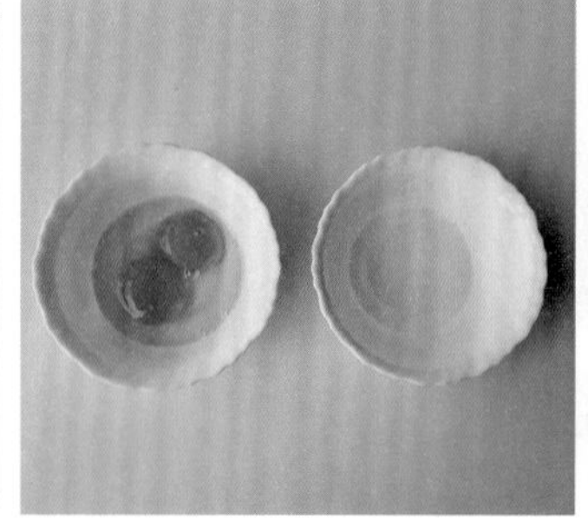

1 紅蘿蔔和高麗菜（炒蔬菜用）加少許油（分量外）清炒後加鹽調味。將 2 顆雞蛋分成 2 顆蛋黃＋ 1 顆蛋白，和 1 顆蛋白。

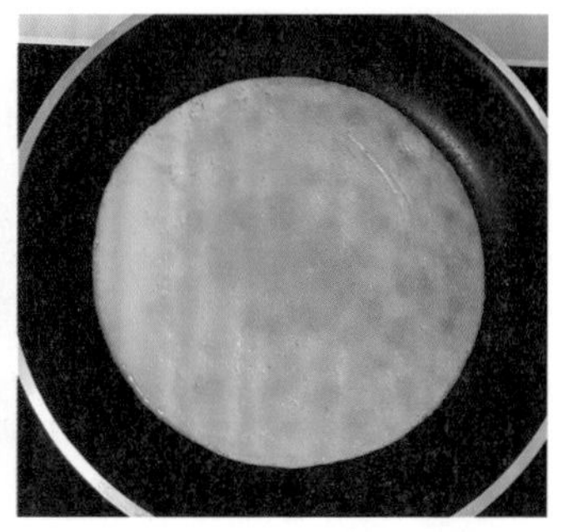

2 把蛋黃那碗加點鹽拌勻後過篩一次，下鍋用微火煎熟（不用翻面）。

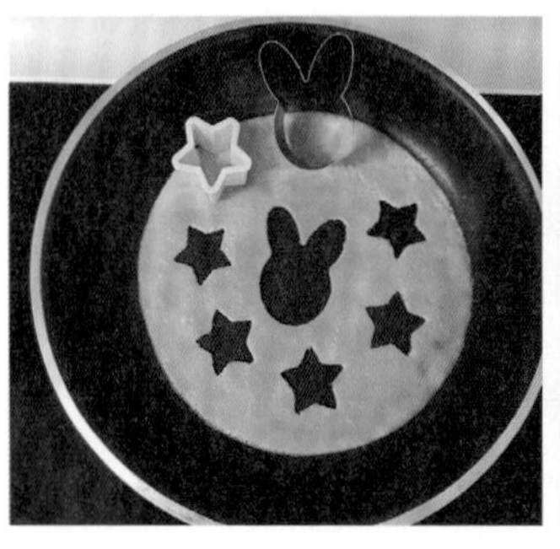

3 稍微放涼後用模具在蛋皮上壓出空洞，如圖。

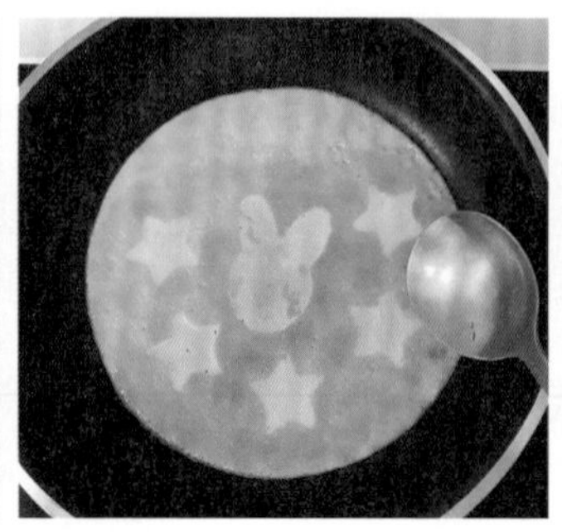

4 開微火，將蛋白用小湯匙填入空洞裡煎到熟後，熄火。

5 取 70g 白飯捏出圓餅狀，剩下 40g 分成兩半捏成兔子耳朵。

6 將烤好的雞塊和炒好的蔬菜鋪到盤子下半部。

7 把蛋皮蓋在蔬菜上，蛋皮上面往內折一些。

8 放上捏好的兔子飯糰。

9 用表情打洞機在海苔上壓出五官，貼到兔子臉上。

10 紅蘿蔔片（裝飾用）燙軟，剪出兔子的內耳後，放到耳朵上。

11 沾點番茄醬點上腮紅，就完成囉！蛋皮上的兔子臉也可以同樣方式加上五官。

翹翹眼睫毛

1 用表情打洞機壓出1個大「U」和2個小「U」字型的海苔。

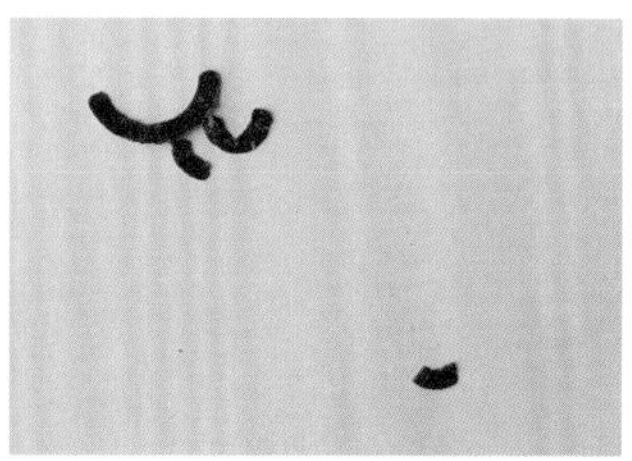

2 把其中1個小「U」海苔剪半，和另一個小「U」一起貼在大「U」上，即完成翹翹眼睫毛。

《 麵麵篇 》

麵類的長條形狀比較不好變化造型，
但只要花一點點小巧思，或是以配菜來加強，
同樣可以做出讓人眼睛一亮的可愛模樣！
活潑的貴賓狗米粉、小美人魚薑黃麵，
讓愛賴床的小朋友眼睛一亮，立刻精神百倍！

★貴賓狗狗肉燥米粉
☆小貓偷吃魚白醬通心粉
★小美人魚紅醬薑黃麵
☆熊熊漢堡排咖哩烏龍麵
★母雞下蛋蔬菜雞肉煎餅
麻醬涼麵

NO.
01

貴賓狗狗肉燥米粉

《材　料》

米粉 .... 1 塊
海苔 .... 1 小片
火腿 .... 1 小片
肉燥 .... 適量

下午空閒時間煮了一鍋香噴噴的肉燥，用來拌飯拌麵都好。上禮拜回娘家時，媽媽在「女兒賊」大袋子裡塞了兩包米粉。早上把米粉燙熟後淋上肉燥，鹹香的古早滋味最雋永～

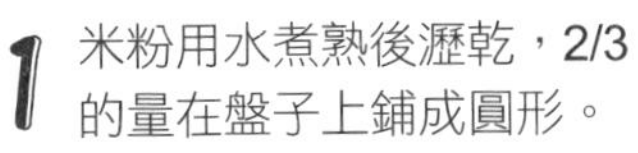

1 米粉用水煮熟後瀝乾，2/3的量在盤子上鋪成圓形。

2 再加入 1 團米粉鋪在圓形上方，增加下半部的高度。

3 再夾入米粉鋪成耳朵和手。用海苔剪出五官貼上。

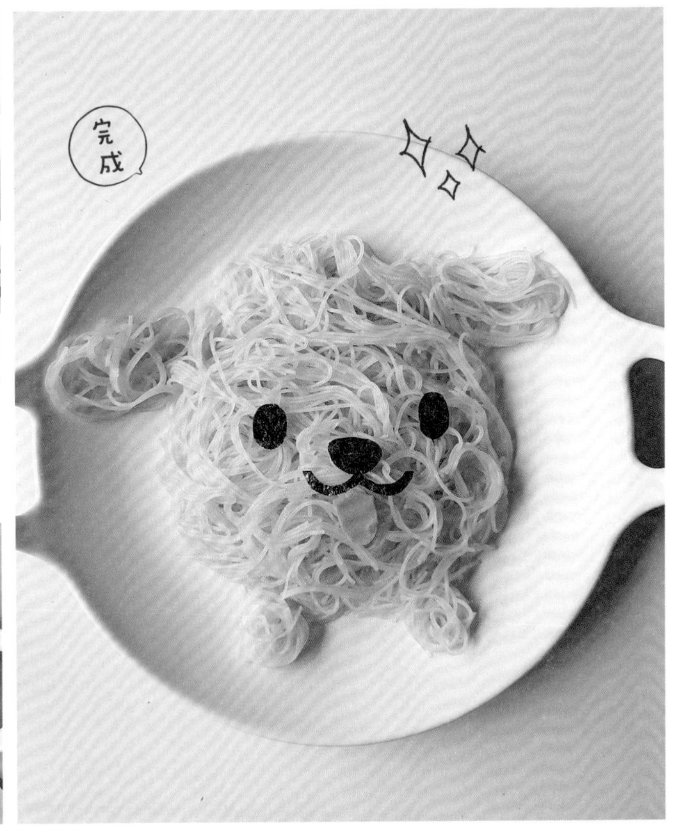

4 用火腿片剪出舌頭放好，完成。

tip 擺盤時搭配肉燥，淋上去攪拌就可以吃囉！

5 燙熟的米粉先用肉燥湯汁拌勻再塑形，也可以做成紅貴賓狗！

小貓偷吃魚 白醬通心粉

在冷冷的冬天早晨，如果能夠享用熱呼呼的早餐，也算是小小的安慰吧～自從在超市發現日本的白醬調理塊後，早上煮孩子喜歡的白醬通心粉也很方便。做法和咖哩塊一樣，先把食材煮熟後最後再下。加了多樣蔬菜和雞肉，一盤就營養飽足！

《材　料》

馬鈴薯塊 80g
牛奶 10g
鹽 .... 少許
煎麵條 .... 2 根
海苔 .... 1 小片
火腿 .... 1 小片
去骨雞腿肉 50g
白胡椒 .... 少許
酒 .... 少許
洋蔥絲 50g
水 250g
通心粉 60g
白醬調理塊 .... 1 小塊
紅蘿蔔 .... 5 片

《造型工具》

打洞機。表情打洞機。剪刀

1 馬鈴薯塊取 40g 入電鍋蒸熟後，用平底馬克杯壓成細緻無顆粒的薯泥。

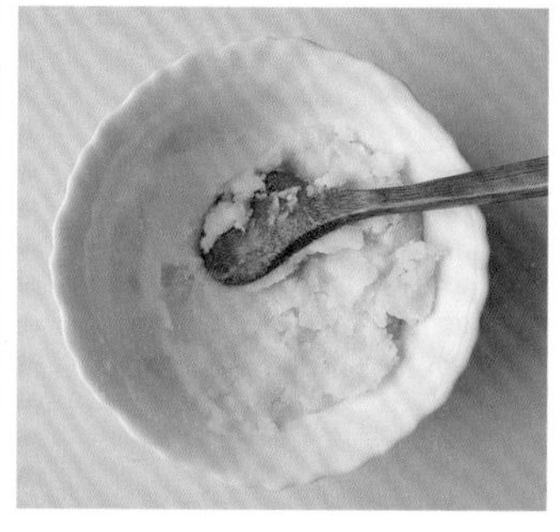

2 薯泥中加入 10g 牛奶和少許鹽拌勻。

3 用薯泥捏出貓咪的臉、耳朵和手。

4 用打洞機壓海苔當五官，再插入煎麵條當鬍鬚。

5 耳朵插入煎麵條後，再插入貓咪頭上固定。

6 用燙過的火腿片剪出內耳和舌頭貼上。

7 雞腿肉塊用少許鹽、白胡椒和酒醃 20 分鐘。

8 鍋中加點橄欖油（分量外），先炒香洋蔥、雞腿肉塊和 40g 馬鈴薯塊後，加入 250g 水煮 15 分鐘。

9 接著下通心粉，煮熟後加入奶油白醬調理塊，拌勻後熄火。

10 白醬通心粉盛裝好後，放入燙熟的紅蘿蔔小魚（用小魚模具壓或用剪刀剪出形狀）。

11 把馬鈴薯泥貓咪的底部用刀背切出一道凹痕（約切至貓臉一半的地方）。

12 把凹痕插在裝通心粉的碗緣上，再把貓咪的雙手輕壓固定上即可。

小美人魚 紅醬薑黃麵

又到了番茄盛產的季節，傳統市場裡又紅又大的牛番茄，一顆只要 5 元！買了一袋回來，煮成一大鍋番茄肉醬，分裝後冷凍著，隨時都有真材實料的番茄肉醬可以搭配著吃，真好！

《材　料》

關廟麵 .... 1 塊
番茄紅醬 .... 適量
※ 製作方法請詳見 P36
白色起士片 .... 1 片
薑黃粉 .... 適量
小番茄 .... 2 顆
海苔 .... 1 小片

《造型工具》

圓形模具。湯匙模具。表情打洞機。剪刀

1 取一鍋水煮滾後撒入適量薑黃粉，讓水變成黃色。

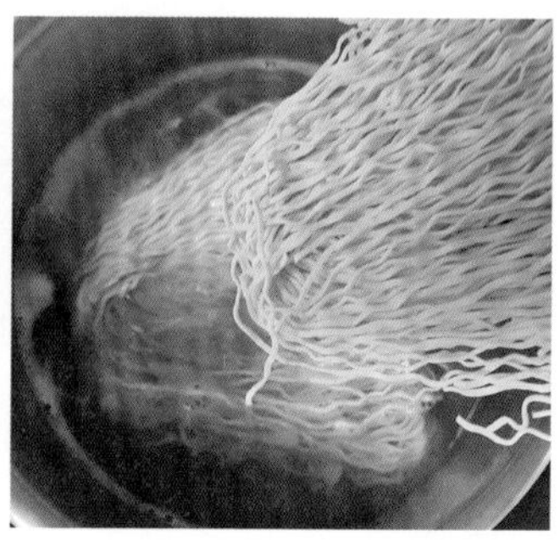

2 下關廟麵至水裡煮到熟，煮過的麵會變成黃色的。

3 把麵撈起裝入圓盤中，只放上半部。用圓形模具壓圓起士片，放在薑黃麵上當成臉。

4 在臉上方鋪上一些麵條當瀏海。

5 盤子下半部舀入紅醬。

6 在左邊的紅醬上，鋪上一點麵條當頭髮。

7 用起士片先切出 1 小塊長方形，再用刀子在上方切出兩個直角，做成美人魚的身體。

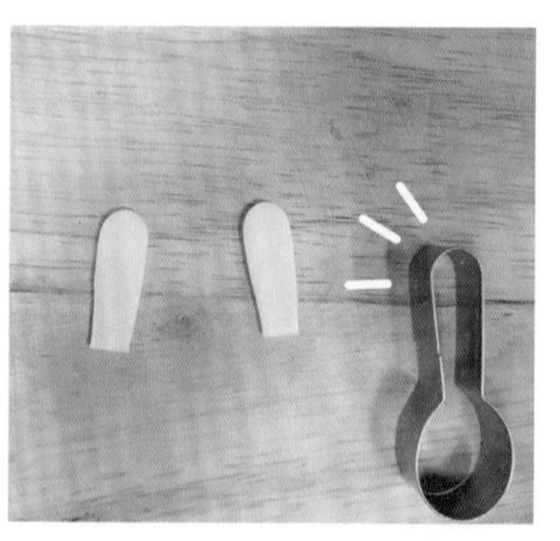

8 用湯匙模具下半部壓起士片，做出美人魚的手。

9 把身體和手放到臉的下方。

10 把 1 顆小番茄切半後放在美人魚胸前，另 1 顆小番茄切半後再切出愛心形狀當尾巴。

11 海苔用剪刀剪圓形當眼睛，用表情打洞機壓出嘴巴貼上，再放上蔬菜雕花（P25）當髮飾即可。

熊熊漢堡排 咖哩烏龍麵

美式餐廳是假日時我家喜歡光顧的餐廳之一。除了輕鬆愉快的用餐氛圍外，疊高高的 juicy 漢堡也是會讓人想念的滋味。自己做漢堡排並不難，用牛豬混合的絞肉讓口感更升級。厚的薄的各做一些冷凍起來，準備早餐時好好用呢！

《材　料》　＊事先煮好或購買現成咖哩，1 人份烏龍麵燙熟（分量外）

牛絞肉 200g
豬絞肉 100g
※ 混合 2 種絞肉，用刀剁至細黏有彈性。
洋蔥末 80g
蒜末 10g
雞蛋 .... 1 顆
麵包粉 40g
牛奶 20cc
美式烤肉醬 80g
白色起士片 .... 1 小片
海苔 .... 1 小片

《造型工具》

噴霧瓶小瓶蓋。珍奶吸管

製作步驟
START

1 均勻混合起士片、海苔外的所有材料。取約 90g 肉餡，用雙手拋打擠出空氣，再捏出 1 個大圓和 2 個小圓肉餅。

2 在大圓肉餅和小圓肉餅交接處，取少許肉餡鋪在上面。

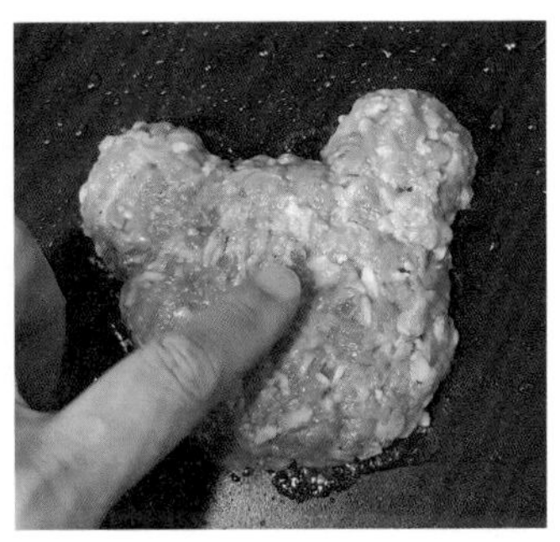

3 用手指把鋪上的肉餡壓平，補滿大圓和小圓的接縫。

4 2 個小圓前後的交接縫隙，都要補上肉餡填滿。

5 鍋中加點油用中小火熱鍋後，放入肉排，在大圓中間壓 1 個凹洞，兩面煎到上色定型（記得翻一次面就好，以免肉汁流失掉）。

6 直接在鍋中加點熱水（分量外），然後加蓋燜熟。

tip 肉排按壓起來有彈性、且流出的肉汁清澈就是熟了。

7 取出後用小瓶蓋和珍奶吸管壓白色起士片當熊熊的鼻嘴和眼睛，再剪海苔五官貼上，放到咖哩烏龍麵上即完成！

BISCUIT

母雞下蛋蔬菜雞肉煎餅麻醬涼麵

leesamantha 是 IG 上我非常崇拜的食物藝術家。她的餐點用色活潑鮮明、構圖童趣，彷彿用食物在說故事一樣。前陣子收到了好朋友自己種的高麗菜，切成細絲後加入雞肉泥裡，煎成的蔬菜雞肉餅真的是美味又高纖。捏肉餅時想起了 leesamantha 媽媽曾經分享過的母雞孵蛋餐點，試做完成後自己也好喜歡！

《材　料》

蔬菜雞肉煎餅

雞胸肉 300g
紅蘿蔔 60g
高麗菜 80g
青蔥 .... 2 根
蒜頭 .... 3 瓣
雞蛋 .... 2 顆
橄欖油 10g
低筋麵粉 50g
天然鰹魚粉 ...... 1 小匙
鹽 .... 適量
白胡椒粉 .... 適量

麻醬涼麵

家常麵條 .... 1 包
胡麻醬 20g
鰹魚醬油 5g
味醂 20g

裝飾配菜

小番茄 .... 2 顆
海苔 .... 1/4 片
白色起士片 ...... 1 小片
小黃瓜 .... 1/2 根
水煮蛋 .... 1 顆
毛豆仁 .... 4 顆

《造型工具》

保鮮膜。珍奶吸管。剪刀

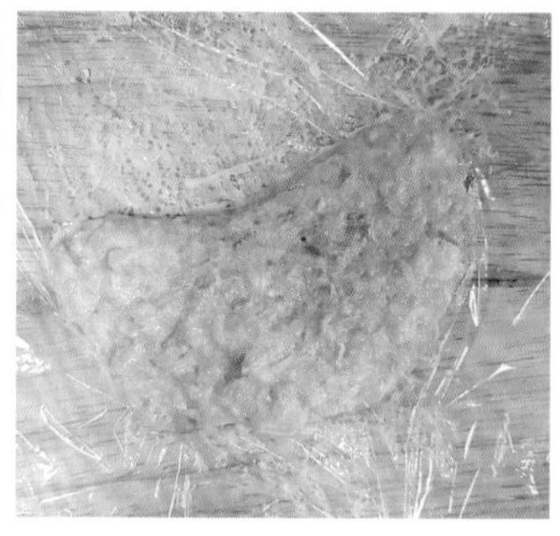

1 將蔬菜雞肉煎餅的所有材料切碎，並均勻混合。

2 把混合好的肉餡捏成胖胖的彎月狀。

tip 先墊 1 張保鮮膜再塑形，拿起來時比較不會變形。

3 下鍋煎到兩面略呈焦黃後取出。

4 小番茄切半，一半切成愛心狀當雞冠，另一半直接當成雞嘴巴下面的紅色小肉塊。

5 用海苔剪出雞翅和雞尾巴。

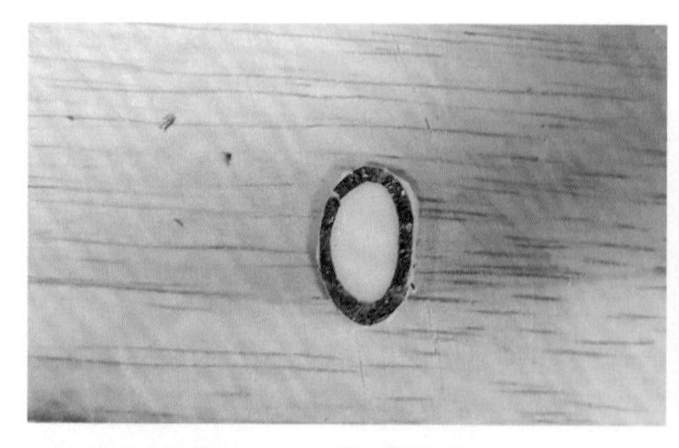

6 用海苔剪出空心橢圓形（P16），貼在用珍奶吸管壓成的橢圓形起士片上。

7 再用剪刀剪出橢圓形的海苔，貼到起士片上當眼珠。

8 家常麵條燙熟後撈起，用冰水冰鎮後瀝乾盛盤，並鋪上切細條的小黃瓜、毛豆仁和切半的水煮蛋。再把煎好的蔬菜雞肉煎餅放到盤上，依圖擺上步驟 **4 - 7** 剪好的配件。

9 把胡麻醬、鰹魚醬油和味醂拌勻，即為涼麵醬。

10 剩下的蔬菜雞肉餡直接捏成圓餅狀煎熟即可，也可以做成小雞的模樣。

《 中式早餐篇 》

每天做早餐的媽媽們，一定很怕孩子吃膩或不吃，
平常都是西式口味，偶爾換換看吃中式早餐吧！
煎蛋餅、蘿蔔糕的香氣，光聞就讓人胃口大開，
有時間或興趣的話可以從麵糊開始自己做，
沒有時間的話利用半成品加工也無妨，
看孩子大口大口吃得開心，媽媽也覺得好滿足！

- ★一窩小雞水煎包烘蛋
- ☆小狐狸稀飯
- ★快樂假期芝麻奶黃包
- ☆活力松鼠蘿蔔糕
- ★兔寶寶刈包
- ☆熊熊家族黑糖小饅頭
- ★喵星人水餃
- ☆熊妹妹迷你蔬菜蛋餅

LE CREUSET

一窩小雞水煎包烘蛋

昨天晚上去超市補貨時，意外在冷凍櫃看到了迷你水煎包，一口一個的尺寸，讓我忍不住帶了一包回家。把可愛的迷你水煎包和加了蔬菜的蛋液做成烘蛋，一上桌，香噴噴的味道馬上喚醒了孩子的食慾！

《材　料》

蔬菜蛋液

- 雞蛋 .... 1 顆
- 蔥花 .... 適量
- 紅蘿蔔絲 .... 適量
- 牛奶 15g
- 鹽 .... 少許

其他材料

- 小水煎包 .... 5 個
- 海苔 .... 1 小片
- 玉米粒 .... 10 粒
- 煎麵條 .... 2 根
- 美乃滋 .... 少許

《造型工具》

表情打洞機

1 將蔬菜蛋液的材料全部放入碗中拌勻。

2 15cm 小鐵鍋內加點油，以小火熱鍋後，放入小水煎包。

3 在鍋中倒入蔬菜蛋液。

4 蓋上鍋蓋，以小火燜烘的方式，燜煮至蛋液熟透。

5 燜煮到蛋液凝固後，熄火開蓋。

6 用表情打洞機在海苔上壓出五官，沾點美乃滋貼到小水煎包上。

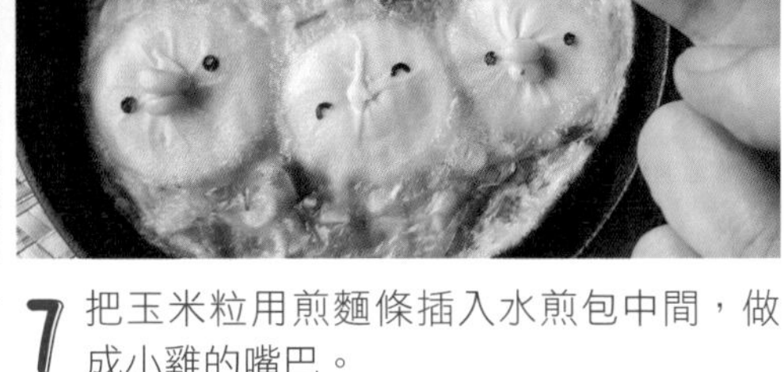

7 把玉米粒用煎麵條插入水煎包中間，做成小雞的嘴巴。

tip 小水煎包也可用蒸熟的小籠包代替。

小狐狸稀飯

其實白稀飯恩恩並不愛，不過感染了腸胃型感冒，醫生特別交代要飲食清淡。前一晚先熬好稀飯，早上加上肉鬆變身成小狐狸，萌萌的模樣讓生病無精打采的小臉露出了笑容。可愛的食物有魔法一點也不誇張啊～

《材　料》

白稀飯 .... 1 碗
肉鬆 .... 1 大匙
海苔 .... 1 小片

《造型工具》

小飯碗。烘焙紙。剪刀。保鮮膜。打洞機

1 準備 1 個小飯碗，將烘焙紙剪成跟碗直徑相同大小的圓。

2 把圓形烘焙紙對折，剪一道弧線變成兩半。

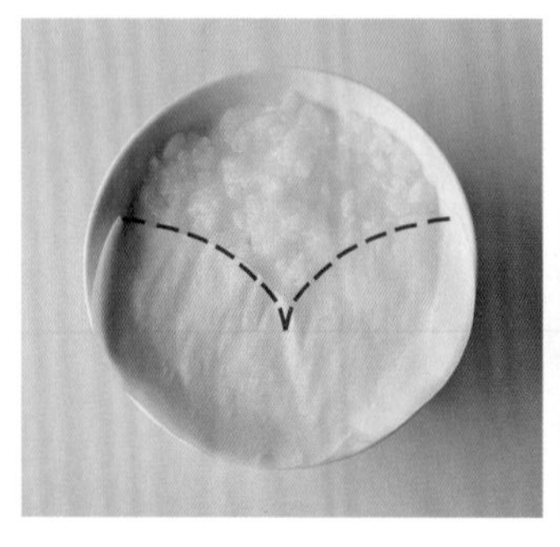

3 把下半部的烘焙紙打開後，鋪在稀飯的下方，如圖所示。

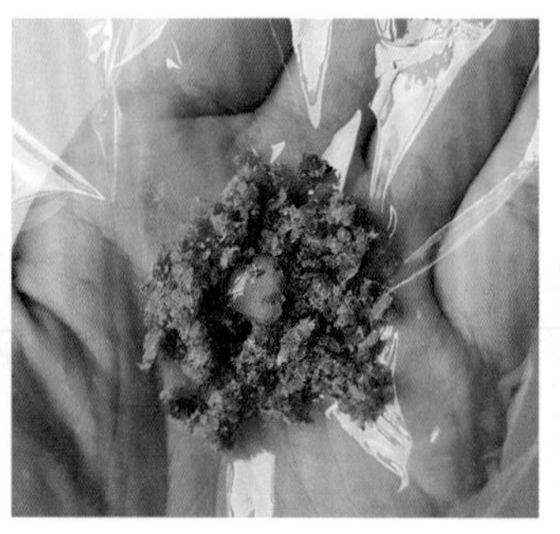

4 取 1 小匙肉鬆，加點稀飯米漿增加黏性。

5 隔著保鮮膜捏成小三角形，一共捏出 2 個。

6 接著把其餘的肉鬆鋪到稀飯上方（沒有蓋烘焙紙處）。

7 再把 2 個小三角形肉鬆放在鋪好的肉鬆兩邊，當成耳朵。

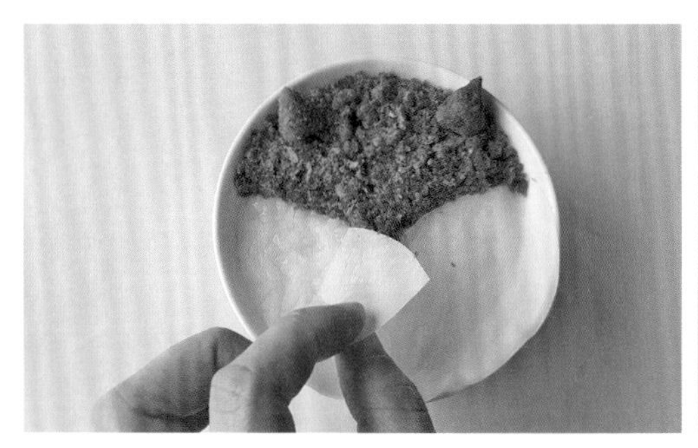

8 輕輕撕開下方覆蓋的烘焙紙。

tip 撕的時候要小心，不要動到鋪好的肉鬆。

9 用打洞機在海苔上壓出 3 個小圓，當眼睛和鼻子。

10 用剪刀剪出 2 條細細的海苔，貼在鼻子下方當嘴巴。

快樂假期
芝麻奶黃包

姐姐上國中後，我們一家人出遊的機會變好少，不是要補習就是月考複習考……難得碰到有考完試的連假，馬上準備收拾行李出去散散心！雖然是趟國內的輕旅行，但投入大自然有種特別的療癒力，身心都感覺快樂無比～

《材　料》

蘋果	1/2 顆	美乃滋	少許
吐司	1/3 片	黃色起士片	1/2 片
芝麻包	1 個	奶黃包	1 個
海苔	1 小片	餅乾棒	1 根
火腿	1/4 片	白色起士片	1 片

《造型工具》

圓形模具。叉子模具。對話框模具。打洞機。表情打洞機。吸管。珍奶吸管。噴霧瓶小瓶蓋。剪刀。油性筆

Fun time

1 蘋果洗淨後，先連皮切出 1 個梯形當裙子。

2 用圓形模具在吐司上壓一道小圓弧，如圖。

3 再次用圓形模具交錯壓出葉子形狀當兔耳朵，一共壓出 2 片。

4 再用叉子模具的尾端壓出手和腳的形狀。

tip 若沒有合適的模具，也可以直接用剪刀剪出形狀。

5 用芝麻包當臉，擺上先前完成的耳朵、手、腳和裙子。

6 用表情打洞機在海苔上壓出五官，再用吸管壓火腿片當腮紅，沾美乃滋貼上。

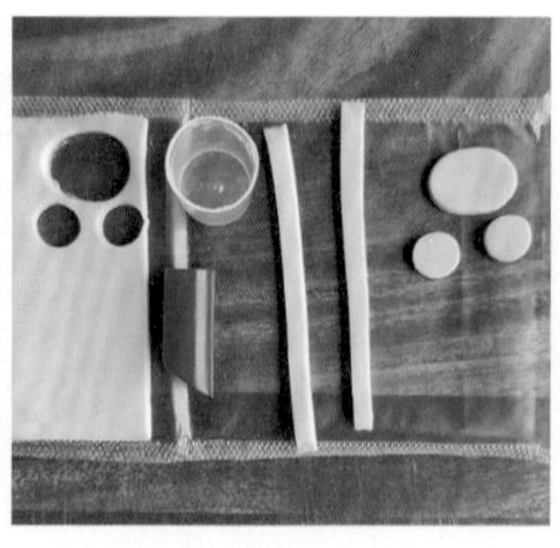

7 將黃色起士片切成 2 段細長條，並用噴霧瓶小瓶蓋和珍奶吸管在起士片上壓出 1 大 2 小的圓形。

8 把起士片放在蘋果裙子上，組合成小熊背包，並用表情打洞機壓出海苔五官貼上。

9 放上奶黃包當小雞身體，放上用剪刀剪的圓形海苔和愛心火腿當眼睛、雞冠，再捏住吸管在黃色起士片上壓出 1 個橢圓和半個橢圓當嘴巴。

10 黃色起士片用珍奶吸管壓出 2 個圓，再用剪刀剪 2 個略小的圓形海苔貼上，做成輪子。

11 把輪子放在小雞奶黃包的下方，再放上 1 根餅乾棒當成拉桿。

12 白色起士片用對話框模具壓出外型，並剪下一小塊起士片的外包裝膜。

13 用油性筆在包裝膜上寫字。

14 把寫字的包裝膜貼在壓好的起士片上，要吃之前撕下包裝膜即可。

15 使用這個方法可以做出不同的字句，表達不同的早餐情境。

NO.
04
CHINESE

活力松鼠蘿蔔糕

小時候媽媽費工磨米漿做出來的蘿蔔糕，兩面會煎得恰恰，常常一上桌就被搶空。現在超市很容易買到在來米粉，做蘿蔔糕變得簡單多了。工作忙碌沒有時間自己做，也可以購買真空冷藏的產品。煎好的蘿蔔糕配上炒蛋，濃濃的台灣好味道～

《材　料》

蘿蔔糕切片 .... 2 片
滷大黑豆干 .... 1 片
海苔 .... 1 小片
杏仁果 .... 1 顆
美乃滋 .... 少許

《造型工具》

愛心模具
珍奶吸管
打洞機
表情打洞機

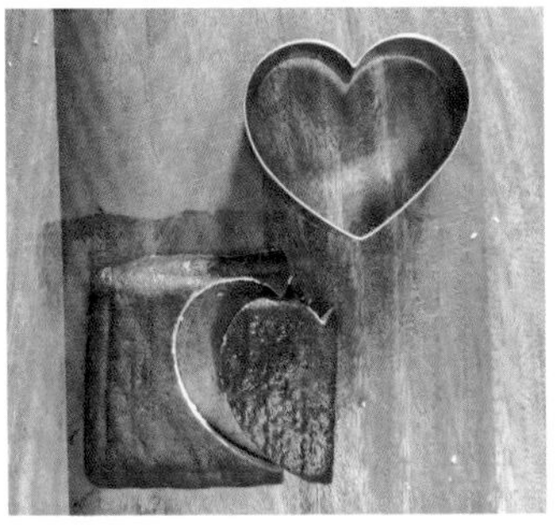

1 滷大黑豆干先橫切下黑色表面，厚度約豆干的1/4，用愛心模具壓出形狀，如圖。

2 壓下來的豆干再用愛心模具壓一次，變成松鼠的尾巴。

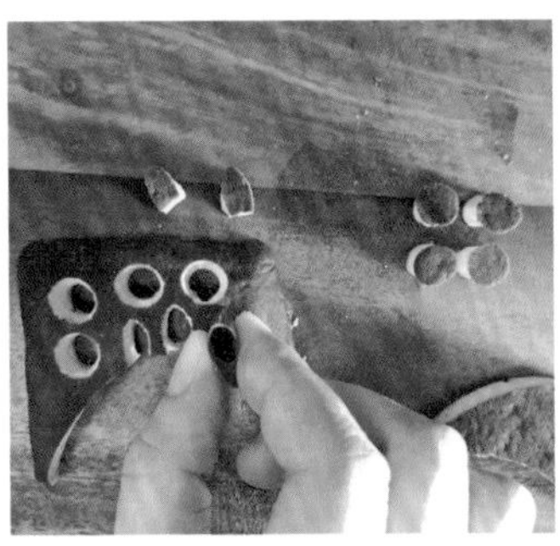

3 用珍奶吸管壓出 4 個圓。

4 捏住珍奶吸管，在豆干上壓出 3 條直條，如圖。

5 把蘿蔔糕煎到兩面焦香後盛盤。

6 把壓好的豆干配件依圖擺好。

7 用打洞機壓海苔五官沾點美乃滋貼上，再放上杏仁果裝飾即可。

兔寶寶刈包

刈包算是台灣漢堡吧！打開餅皮後，夾入滷到鹹香入味的五花肉塊和酸菜，再撒上花生粉，是很多人喜歡的道地小吃。不過我家兩個孩子都不喜歡吃肥肉，自己包刈包時，反而是簡單的荷包蛋和生菜最受青睞，記得抹點顆粒花生醬，鹹鹹甜甜的，別有一番滋味！

《材　料》

紅蘿蔔 1片
青花菜 1小朵
煎麵條 1小根
刈包 2個
荷包蛋 1個
顆粒花生醬 1匙
生菜 1片
海苔 1小片
火腿片 1小片
美乃滋 .... 少許

《造型工具》

圓形模具。叉子模具。吸管。剪刀

FOR YOU
thank you so much

製作步驟

START

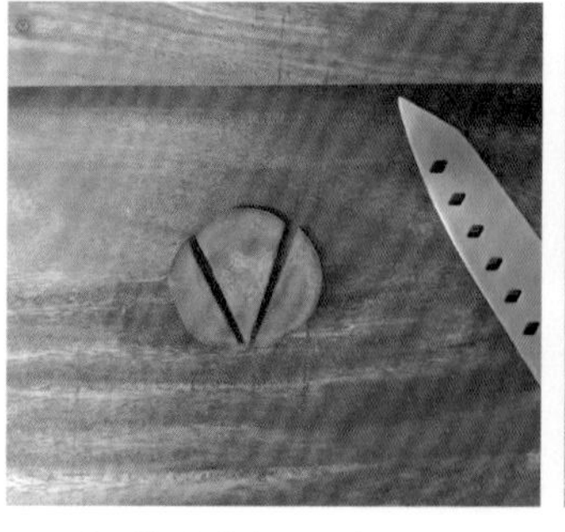

1 紅蘿蔔先切厚片後，再切出三角形。

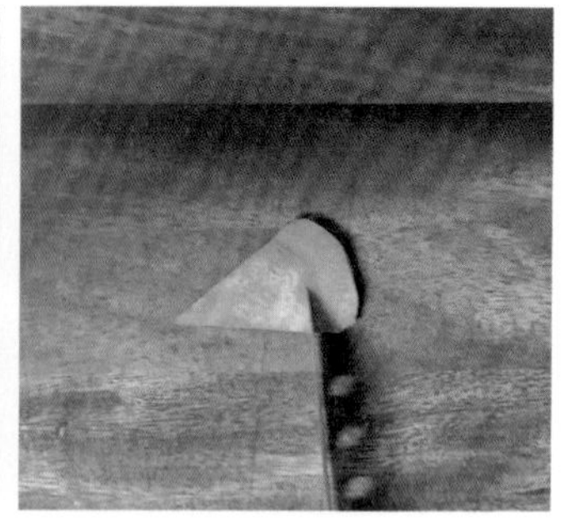

2 在三角形紅蘿蔔上先直切一小道，不要切到底。

3 再用刀斜切一道，和步驟 2 的直線交會，切出凹痕。

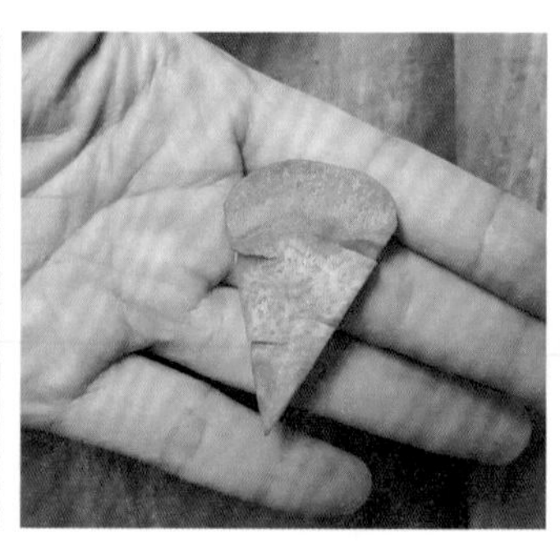

4 一共切出 4 道凹痕（左右各 2 道）。

5 把小朵青花菜用煎麵條插入紅蘿蔔中。

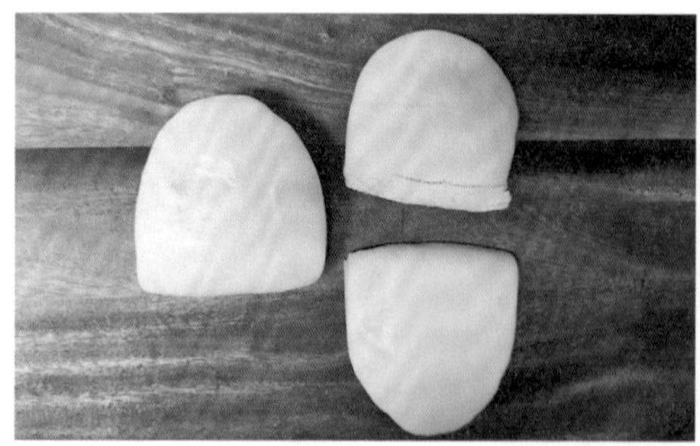

6 取 2 個刈包，其中 1 個分成兩半。

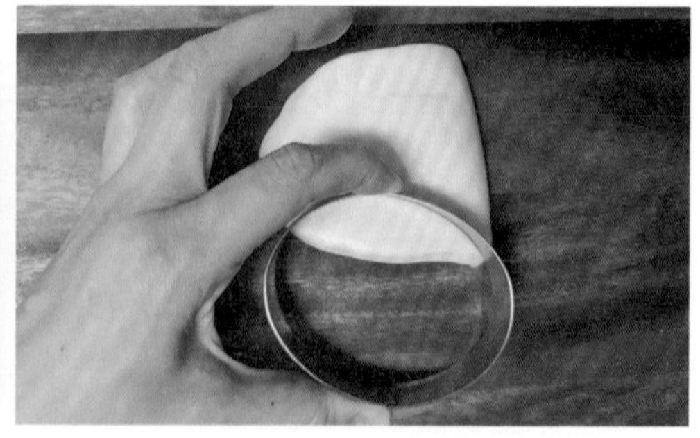

7 分開的一半刈包先用圓形模具壓出兔子耳朵的形狀，一共壓 2 片。

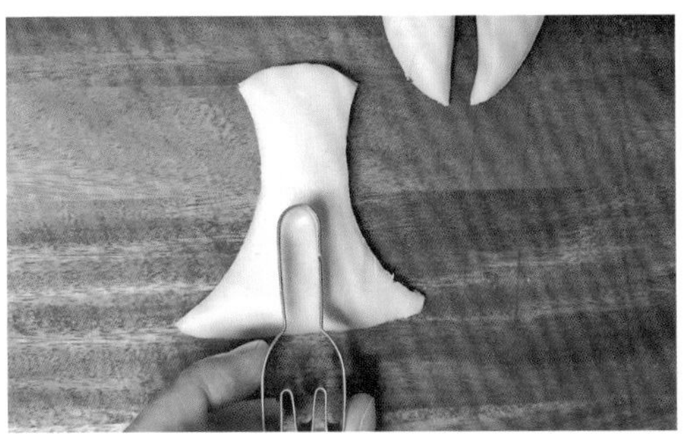

8 再用叉子模具的下半部，壓出 2 片長條當手。

9 刈包裡面先夾入荷包蛋、顆粒花生醬和生菜。

10 再用剪刀剪出海苔和火腿片五官，並用吸管壓出火腿片腮紅，沾點美乃滋貼上。

11 把雙手用煎麵條插入，固定在刈包上。

12 2 片耳朵用煎麵條插入荷包蛋中固定。

13 把紅蘿蔔放在兩手中間即完成！

熊熊家族 黑糖小饅頭

情緒管理真不是件容易的事。晚上為了恩恩跟我頂嘴發了很大的脾氣，後來想想，應該收起脾氣，機會教育一下才是。早上起床蒸了黑糖小饅頭，幫它們裝成笑咪咪的熊熊，恩恩怯怯地從房間走出來時，看到這一盤就笑了，因為他知道媽媽已經消氣 ^^

《材　料》

杏仁果 .... 6 顆　海苔 .... 1 小片　黃色起士片 ..1/3 片
白色起士片 ..1/2 片　美乃滋 ...... 少許　栗子 .... 3 顆
黑糖小饅頭 ... 3 個

《造型工具》

噴霧瓶小瓶蓋。表情打洞機。打洞機。珍奶吸管

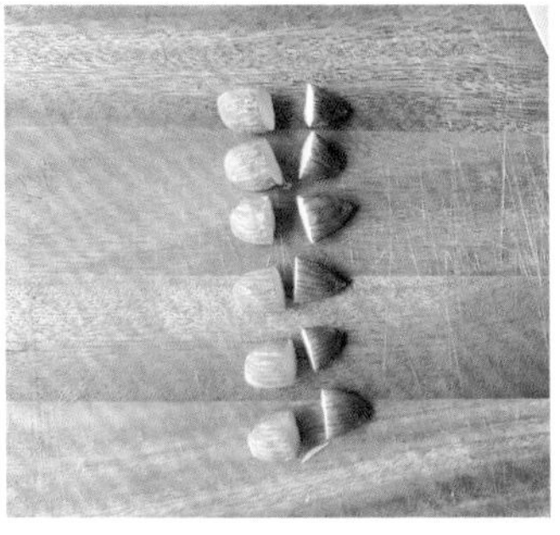

1 把6顆杏仁果切成兩半，取圓頭的那一半使用。

2 把噴霧瓶小瓶蓋捏扁，在白色起士片上壓出橢圓，放在饅頭上。

3 用打洞機壓海苔五官，沾點美乃滋貼上。

4 把杏仁果沾上美乃滋，貼在饅頭上當耳朵。

5 用珍奶吸管壓黃色起士片取半圓，貼在耳朵上當內耳。

6 在饅頭下方墊個栗子，熊熊就會抬頭看著你呦～

NO.
07
CHINESE

喵星人水餃

混合絞肉、高麗菜、蔥末和蝦皮，再加入高湯和調味料拌勻成內餡，就可以動手包餃子啦。自己包的餃子或許不太好看，吃起來卻無比美味！手工包餃子讓我回憶起小時候偎在媽媽身旁當小幫手的點滴，現在換我把這份記憶傳承給恩恩，家的滋味就是這樣的幸福滿足！

《材　料》

水餃 .... 適量　　海苔 .... 1 小片
水餃內餡（依喜好調配）... 適量　　煎麵條 .... 幾根

tip 我都是在包水餃的時候抓幾顆出來做造型，沒有固定用量。這裡教大家的是捏造型的方法，餡料使用自己家裡習慣的口味就好喔！

1 把水餃皮先剪成許多小三角形。

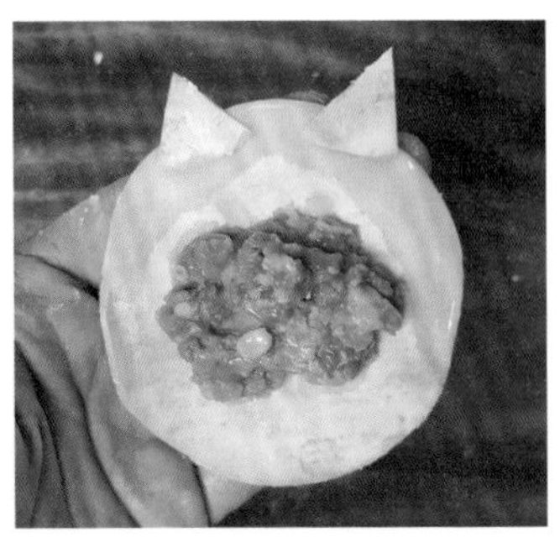

2 取另一張水餃皮鋪上內餡，在上半部邊緣沾點水後，放2個小三角形。

3 把水餃皮折起來並捏緊。

4 煮熟後撈起，用打洞機壓海苔五官貼上。

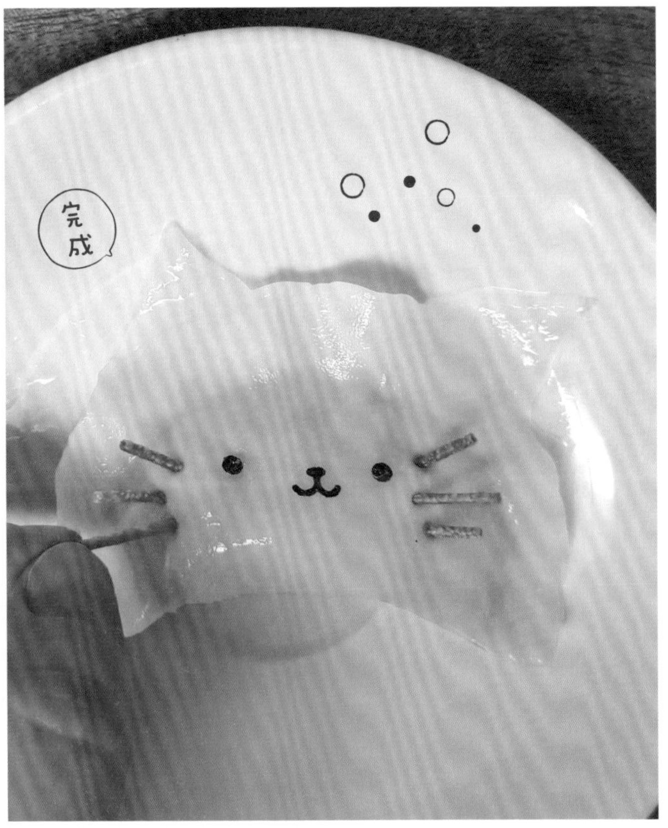

5 插入折成小段的煎麵條當鬍鬚，完成！

熊妹妹
迷你蔬菜蛋餅

姐姐小時候留著長長的頭髮，每天上學前都等著我幫她綁好才出門。逛街時挑選髮飾是我們母女倆的美好時光。自己做古早味蛋餅皮真的很簡單，QQ 軟軟的口感和市售的大不同，喜歡什麼口味就加什麼料，算是一道媽媽很好發揮又受歡迎的早餐！

《材　料》

雞蛋 .... 1 顆
紅蘿蔔細丁 ...... 1 大匙
玉米粒 .... 1 大匙
鹽 .... 少許
白色起士片 ...... 1/4 片
海苔 .... 1 小片
美乃滋 .... 少許
火腿片 .... 1/2 片
煎麵條 .... 1 小段

迷你蛋餅皮
（約直徑 10cm×3 片）
中筋麵粉 90g
太白粉（或玉米粉）15g
水 180g
鹽 ....少許

《造型工具》

噴霧瓶小瓶蓋。圓形模具。剪刀

1 混合迷你蛋餅皮的所有材料，攪拌均勻至無顆粒狀後，用平底鍋煎出3片迷你蛋餅皮。

2 雞蛋液加入紅蘿蔔細丁、玉米粒和適量的鹽拌勻後，先倒一半到已經熱好的小鐵鍋中，並蓋上一層迷你蛋餅皮。

3 接著在蛋餅皮上倒入另一半蛋液，再蓋上另一片蛋餅皮。

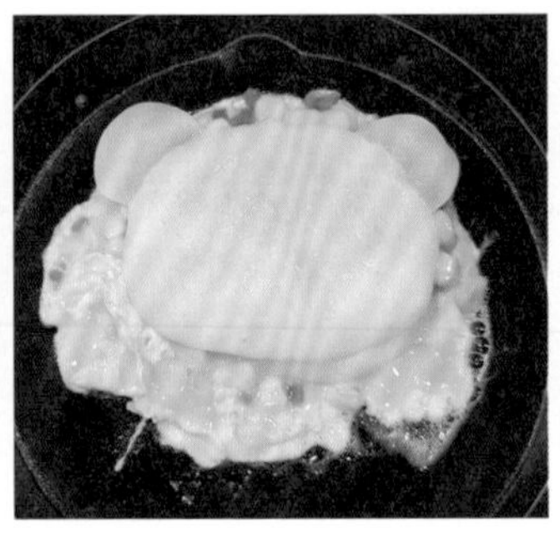

4 用圓形模具在第3片蛋餅皮上壓出2個圓當耳朵，放到第2片蛋餅皮下。煎到蛋液熟後熄火。

5 用小瓶蓋壓起士片放在蛋餅皮中間，並用海苔剪五官沾點美乃滋貼上。

6 火腿片切出1條長方形，再用圓形模具在兩邊壓出弧線。

7 接著切出1條細長火腿片，並準備1小段煎麵條。

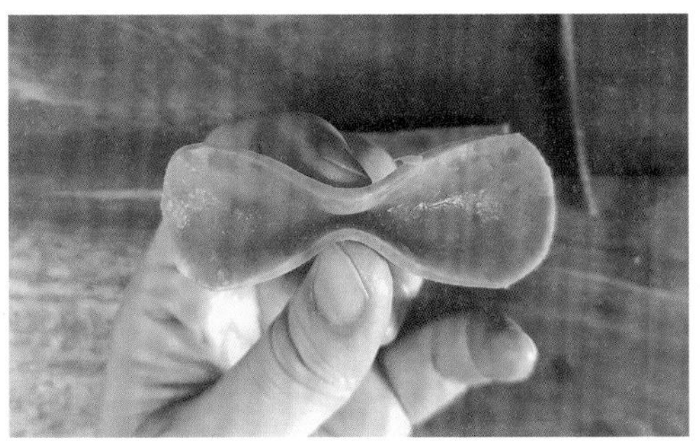

8 把步驟 6 的火腿片上下往內折。

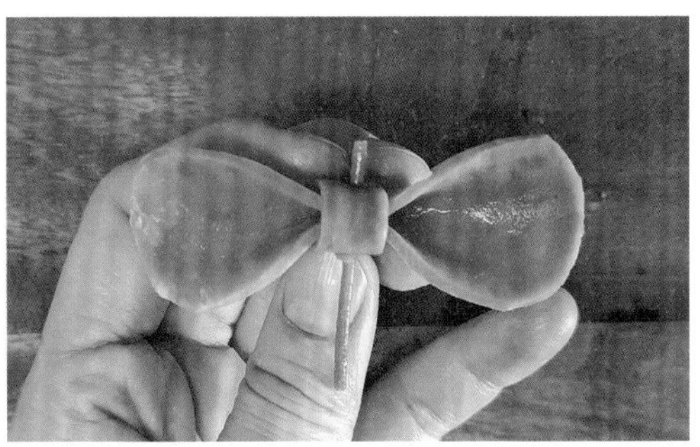

9 用步驟 7 的細長火腿片在中間繞一圈後，插入煎麵條固定。

10 把蝴蝶結插在小熊頭上即可。

寶貝最愛的繪本人物

陪他度過
每個值得紀念的日子

Nice day
HAVE FUN

小紅帽

孩子小的時候，我都會唸故事給他們聽，除了語調的變化外，還會配合一些動作（很愛演～），所以媽媽説故事時間，是孩子們很期待的時刻。或許是耳濡目染，恩恩小學時第一次參加説故事比賽就得到第二名，看著桌上的早餐，不知道他又會編出什麼樣的劇情來 ^^

《材　料》

吐司 .... 1 片　巧克力醬 .... 少許
草莓醬 .... 適量　奇異果 .... 1/2 顆
蘋果 .... 1/2 顆

《造型工具》

擀麵棍。剪刀。珍奶吸管。圓形模具。擠花袋

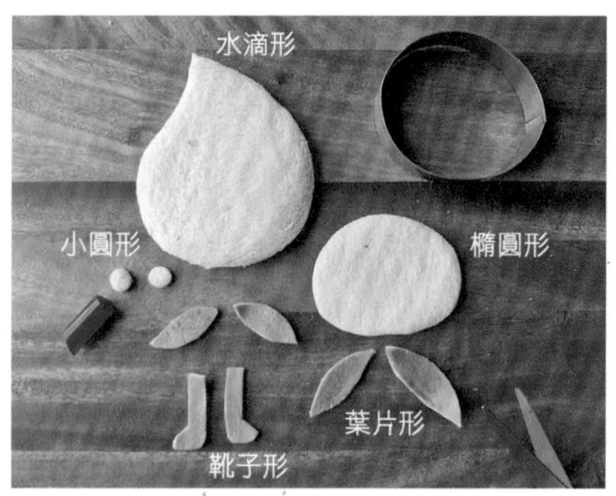

1 吐司先切邊，把切下的吐司邊用擀麵棍擀平。接著用剪刀、珍奶吸管和圓形模具裁剪出圖中各部位。

2 在水滴形吐司上抹草莓醬，再放上大的橢圓形吐司。

3 放上剪下的葉片形吐司邊，當小紅帽的瀏海和兩側頭髮。

4 用半顆蘋果切出 1 個梯形，當小紅帽的身體。

5 將剩下的蘋果切出 2 條長條，當雙手。

6 在雙手前面放上小圓吐司，把靴子吐司邊放到身體下。

7 巧克力醬裝到擠花袋中，剪開一小角畫出五官，再點草莓醬當腮紅。

大野狼製作步驟

START

1 奇異果切半，再切下 1 個三角形缺口，如圖。

2 把剩下的奇異果，再切出 2 個三角形當耳朵。

3 用剩下的吐司碎片，剪出大野狼的眼睛和牙齒。

4 用巧克力醬畫上眼珠即可。

三隻小豬

從前從前，在森林裡住著三隻小豬……這是個百聽不厭、陪伴小朋友長大的故事，去圖書館借書時竟然發現還有進階版──「三隻小豬的真實故事」。恩恩一口氣看了兩遍，說他以後也要變成這麼有想像力的人，把生活變得奇妙有趣！

《材　料》

白飯 .... 1 大碗
番茄醬 .... 適量
長方形壽司豆皮 ..... 4 塊
火腿 .... 1/2 片
白色起士片 .... 1/2 片
海苔 .... 1 小片
煎麵條 .... 1 根

tip 壽司豆皮在一般市場較少見，建議到進口超市購買。

《造型工具》

保鮮膜。水滴形模具。噴霧瓶小瓶蓋。養樂多吸管。打洞機。表情打洞機。剪刀

1 白飯加入適量番茄醬後拌勻。

2 把飯用保鮮膜捏出 3 個略小於壽司豆皮的圓形和 1 個長方形，再捏出 3 個小圓球當小豬的手。

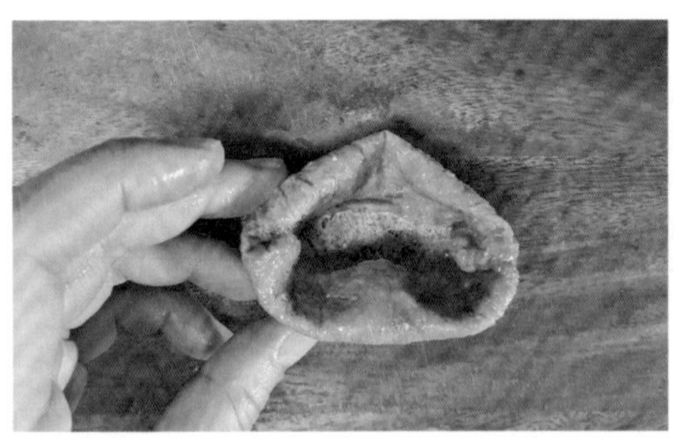

3 把壽司豆皮打開，上方先往內折一點。

4 把捏好的飯拆掉保鮮膜後，按照上圖塞進壽司豆皮中。

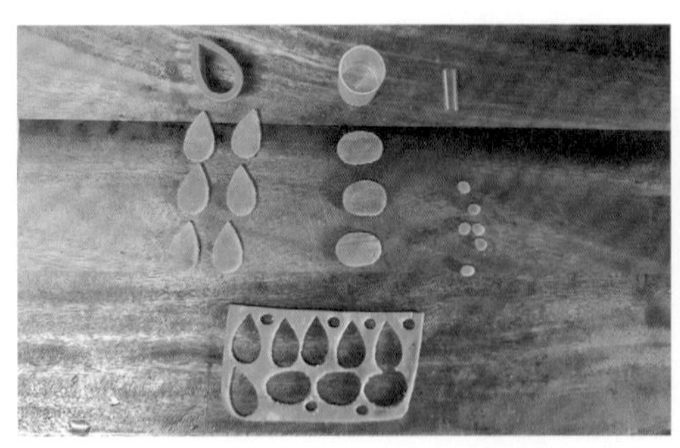

5 用水滴形模具、噴霧瓶小瓶蓋和養樂多吸管，在燙過的火腿片上壓出小豬耳朵、鼻子和腮紅。

6 耳朵用煎麵條插入固定。

7 用養樂多吸管在鼻子火腿片上壓出小洞當鼻孔，再疊在一樣大的起士片上。

8 用打洞機壓出海苔五官貼上。

9 接著是製作大野狼的部分。用噴霧瓶小瓶蓋壓出半圓起士片當眼睛，用打洞機壓出海苔眼珠，再剪出海苔鼻子、嘴巴，以及起士片內耳和牙齒，貼上就完成囉！

七隻小羊

家庭主婦的日常，幾乎每天都會去買菜。看著各式各樣的蔬菜水果，我的腦海中總想著要怎麼把它們變可愛 ^^ 在餐盤上組合各種不同的食材，還要兼顧營養和美味，是每個媽媽努力的目標。一家人在餐桌前和樂的氛圍，就是一天活力的開始！

《材　料》

長形麵包棒 .... 1 條
白色起士片 .... 2 片
餅乾棒 .... 3 根
海苔 .... 1 小片
厚切肉片 .... 2 片
醬油 .... 少許
蒜末 .... 少許
糖 .... 少許
五香粉 .... 少許

《造型工具》

花形模具。小圓模具。珍奶吸管。
打洞機。表情打洞機。剪刀

1 長形麵包棒先縱切成 7 小片。

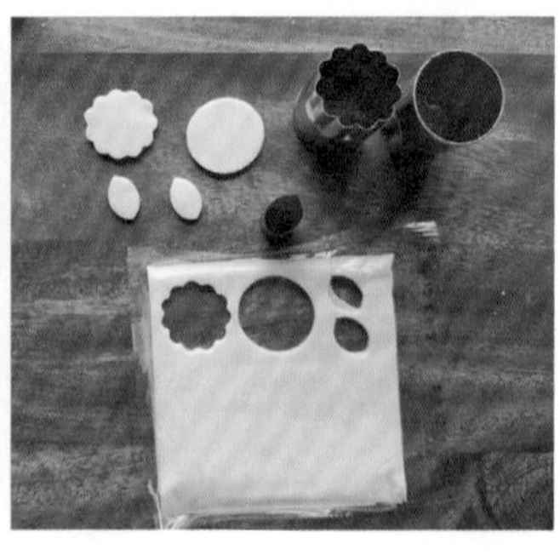

2 起士片用花形和小圓模具各壓出 7 片，再用珍奶吸管尖端處壓出 14 小片。

3 把壓好的起士片，如圖般擺放在麵包切片上。

4 把餅乾棒折小段，插入麵包中當腳。

5 用打洞機壓海苔五官貼上，即完成小羊。

6 肉片先用少許醬油、蒜末、糖和五香粉抓一抓，醃 15 分鐘。

7 把肉片剪成圖中的大野狼形狀。

8 下鍋煎熟後，取出，排成大野狼的形狀。

9 白色起士片用珍奶吸管壓出半圓眼白、用剪刀剪出牙齒。海苔用打洞機打出黑眼球和鼻子。最後將所有配片擺到煎熟的肉片上，就可以上桌囉！

聖誕馴鹿叮叮噹

叮叮噹，叮叮噹，鈴聲多響亮～一年當中，我最喜歡的節日就是聖誕節，雖然是冷冷的冬季卻格外讓人感覺溫馨。在這一天我會許下心願，希望我愛的家人朋友們都能健康喜樂，也為一整年來的平安獻上感恩！ Merry Christmas

《材　料》（2隻）

長形麵包棒 1根
小熱狗 2根
煎麵條 1根
海苔 1小片
美乃滋 .... 少許
黃色起士片 1/2片
白色起士片 1/2片

《造型工具》

打洞機。表情打洞機。噴霧瓶小瓶蓋。剪刀

1 麵包棒對切成兩半。

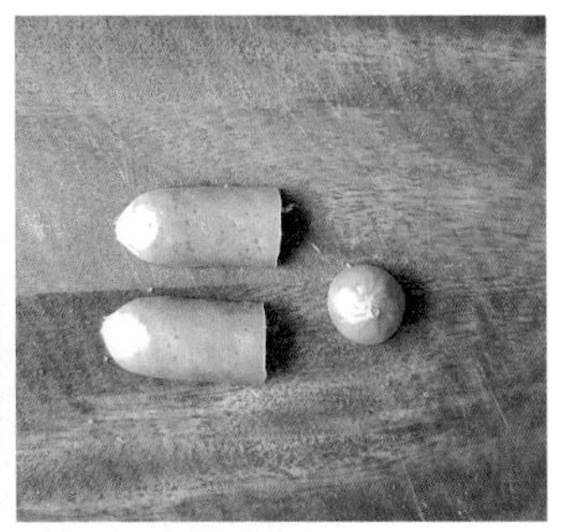

2 小熱狗燙熟後，先切下一小段當鼻子，剩下的剖開成兩半。

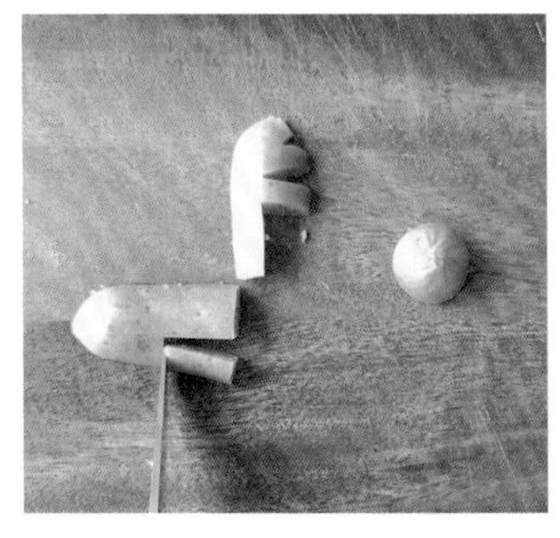

3 將對切開來的小熱狗，用刀尖切出鹿角的形狀。

4 把鼻子和鹿角都插上煎麵條。

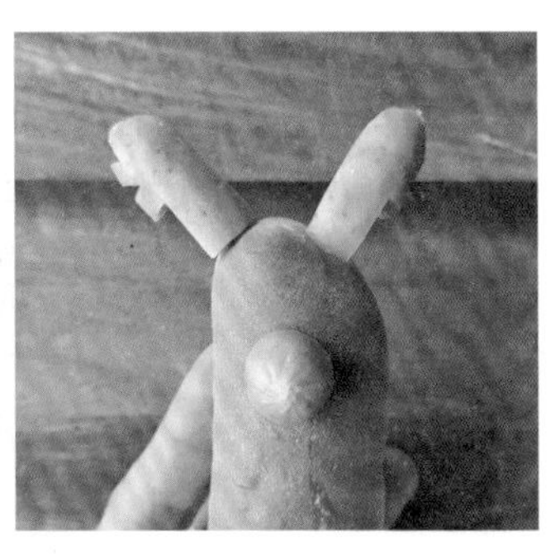

5 把鹿角和鼻子插到麵包上。

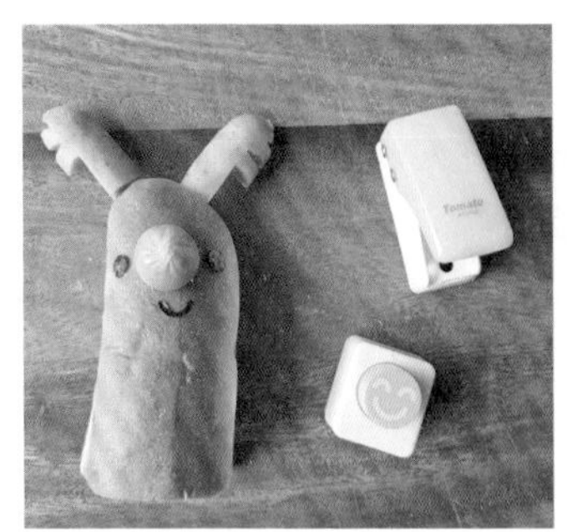

6 用打洞機壓海苔五官，沾點美乃滋貼上。

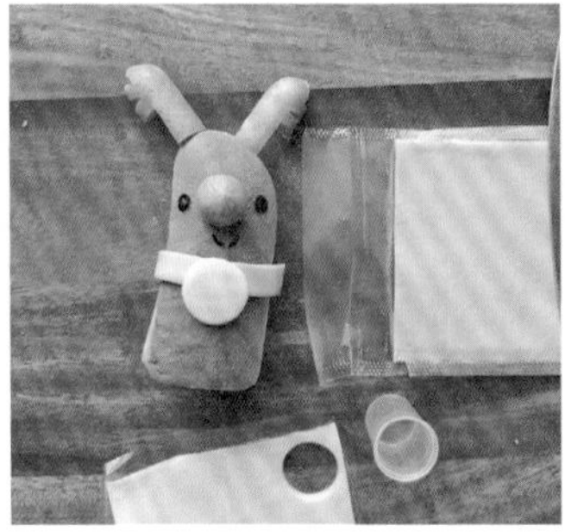

7 用黃色起士片切成細長條當頸鍊。用噴霧瓶蓋壓白色起士片當鈴鐺。

8 用海苔做出鈴鐺細部貼上，完成！

醜小鴨

大學時期我有很多打工經驗，售貨員、餐廳服務生、喜餅工廠作業員、超市收銀員等。這些工作讓我提前接觸社會，除了體會到賺錢的辛苦外，更因為面對各式各樣的人，訓練了我待人接物和應對進退的能力。我常常跟孩子分享，人的外表並不是最重要，有顆善良的內心才可貴。有機會時多多體驗，拓展自己的視野和能力是很棒的經驗！

《材　料》

薑黃飯 220g
奶油白醬 .... 1 盤
※ 製作方法請詳見 P.36
紅蘿蔔 .... 1 小片
海苔 .... 1 小片
煎麵條 .... 1 根
小番茄 .... 1 顆
白色起士片 .... 1 小片
美乃滋 .... 少許

《造型工具》

保鮮膜◦剪刀◦打洞機◦表情打洞機◦吸管

1 用保鮮膜把薑黃飯捏成90g和130g的2個圓球。

2 大的圓球用手塑形成長方形。

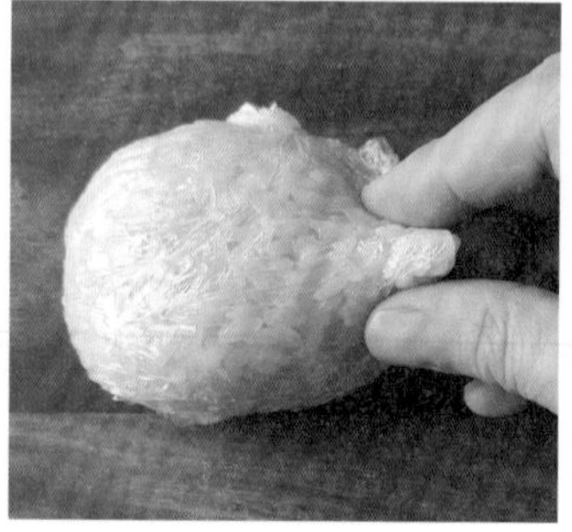

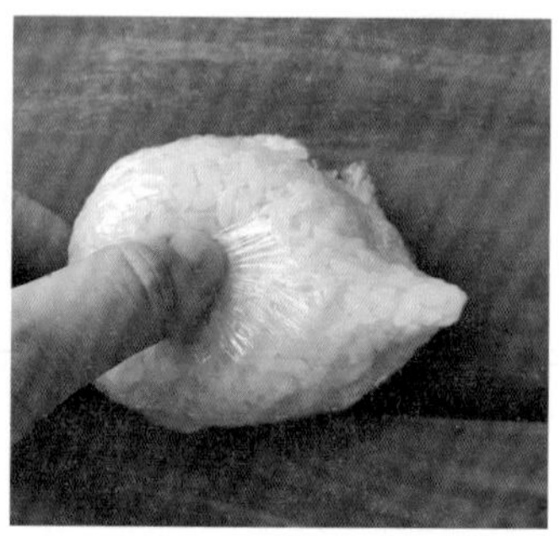

3 將長方形的一端捏尖，並壓出一個斜坡。

4 翻到另一面，把尖端處捏成往上翹起的尖角。

5 在飯糰上用拇指壓出一個凹洞，如圖。

6 把小的圓球飯糰放在凹洞上。

7 把完成的飯糰移至盛裝白醬的盤子中間。

8 燙過的紅蘿蔔片切成三角形後，插上煎麵條，插進小圓飯糰中。

9 用打洞機壓海苔眼睛貼上。

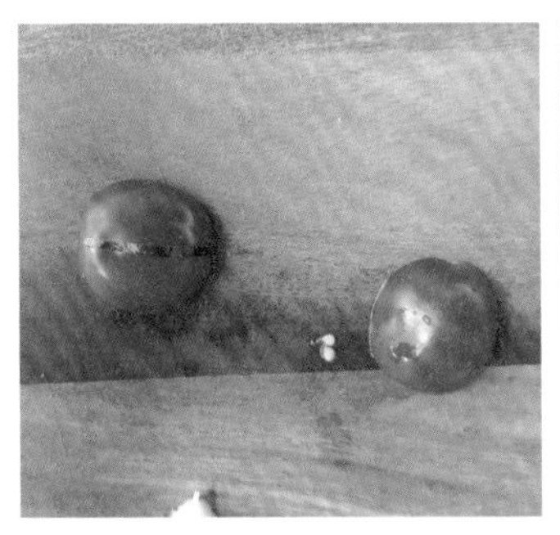

10 小番茄切半後，用海苔剪細長條，沾點美乃滋貼上。

11 再剪出半圓形，並壓出4個小圓。

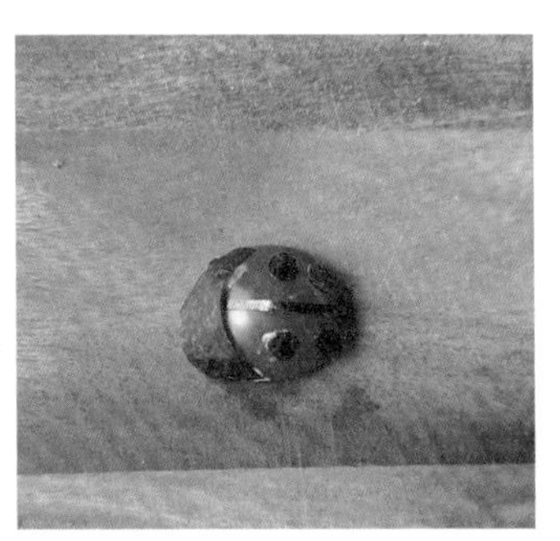

12 把半圓和小圓的海苔沾點美乃滋貼上。

13 用吸管壓起士片當眼睛，再用打洞機壓海苔眼珠貼上。

14 把小瓢蟲放在青花菜上和小鴨對看。

花園仙子

娘家有個小小的花圃，在媽媽用心修剪照顧下，總是生氣勃勃、繽紛燦爛。經過花市時我也帶了幾盆香草植物回家，因為沒有前陽台，只能放在室內照得到光線的層架上。或許是日照不足，或許天生不是綠手指（哭哭），幾個月後紛紛枯萎，突然想到和孩子們一起看的卡通，好想大聲呼叫花園仙子啊～

《材　料》

白飯 .... 1 大碗
綠色菜葉 .... 1 片
黃色起士片 .... 1 片
小黃瓜片 .... 1/3 條
海苔 .... 1 小片
番茄醬 .... 少許

《造型工具》

保鮮膜。剪刀。圓形模具。噴霧瓶小瓶蓋。打洞機。表情打洞機

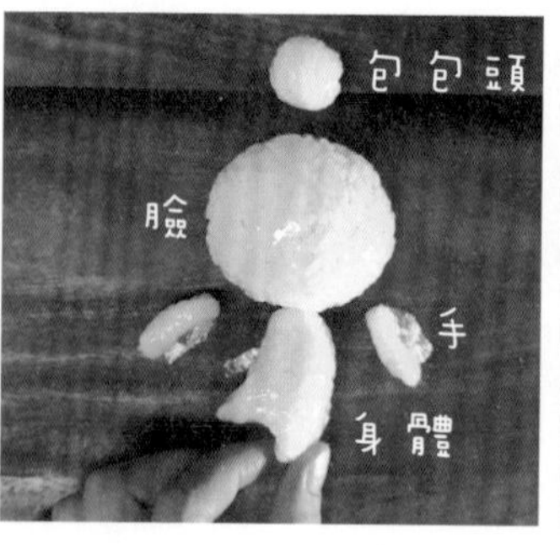

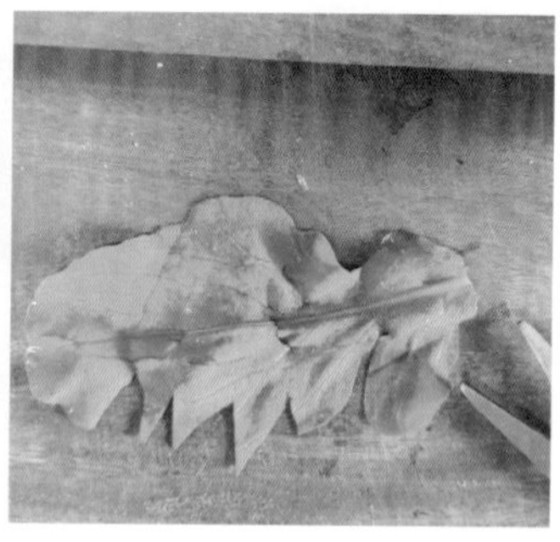

1 白飯用保鮮膜包住後，先捏圓，再一一捏塑成圖中各形狀。

tip 需要包包頭、臉、身體和雙手，共5個形狀。

2 取1片綠色菜葉（青江菜、菠菜皆可），在下緣用剪刀剪出鋸齒狀後，稍微汆燙一下。

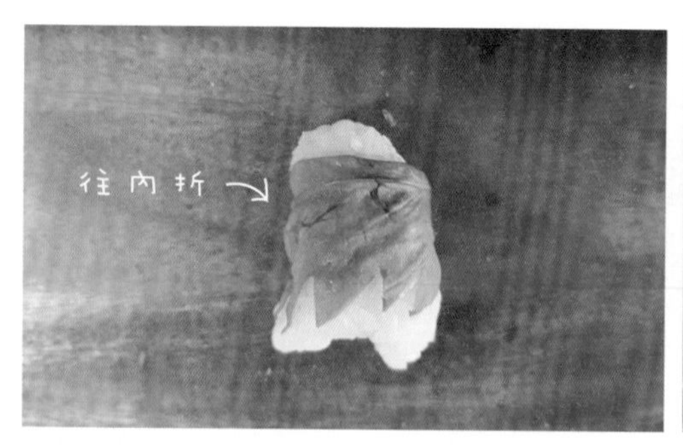

3 汆燙後，把菜葉的上方往內折1/3，包裹住身體飯糰，如圖。

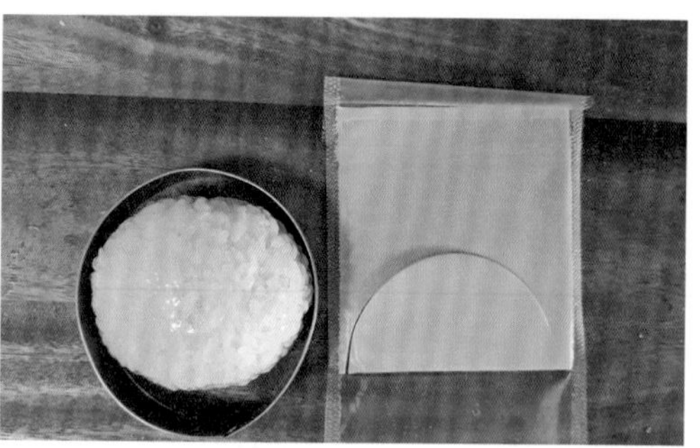

4 取一個比臉飯糰大一點的圓形模具，在起士片上壓出半圓。

5 用剪刀在半圓下方剪出鋸齒狀後，放在臉部飯糰上方當頭髮。

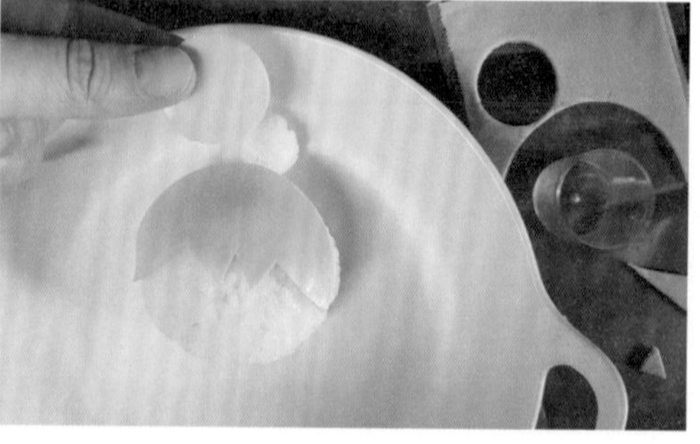

6 用噴霧瓶小瓶蓋壓1片圓形的起士片，放在包包頭飯糰上。

7 把飯糰組合成小仙子的模樣。

8 小黃瓜斜切薄片當翅膀，再切一細長條當魔法棒。接著壓出星星起士片放在魔法棒上。

9 用打洞機壓海苔五官貼上，再點番茄醬當腮紅即完成。

GOOD MEMORIES
HOMESTEAD

愛麗絲夢遊仙境

每天晚上我們一家人會有一段相處的時間，有時分享一天大小事，有時一起玩玩撲克牌或下棋。恩恩 4 歲多時就學會玩揀紅點，也順便學會了 1-10 的加法，在遊戲中學習最能激發出孩子的興趣，理解力也突然開竅（笑）。

《材　料》

吐司	2 片	雞蛋	1 顆
巧克力醬	適量	白色起士片	1/2 片
草莓醬	適量	海苔	1 小片
		番茄醬	少許

《造型工具》

撲克牌花色模具◦大圓模具◦小圓模具◦剪刀◦吸管◦打洞機

1 吐司切邊後，每 1 片再切成 4 小片。

2 用模具在其中 4 小片吐司上壓出撲克牌花色。

tip 撲克牌花色的模具購於大創。

3 在另外 2 小片吐司上抹巧克力醬，2 小片抹草莓醬。

4 把壓好的吐司蓋在抹醬吐司上。

5 大圓模具內層抹油後放入不沾鍋裡，轉最小火，把蛋打入模具內。

 此時可以用手指把蛋黃輕輕移至中間。

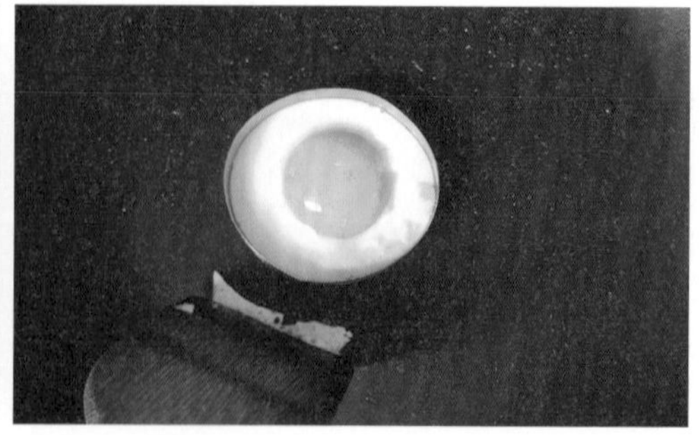

6 邊緣流出來的蛋白用鍋鏟切開。

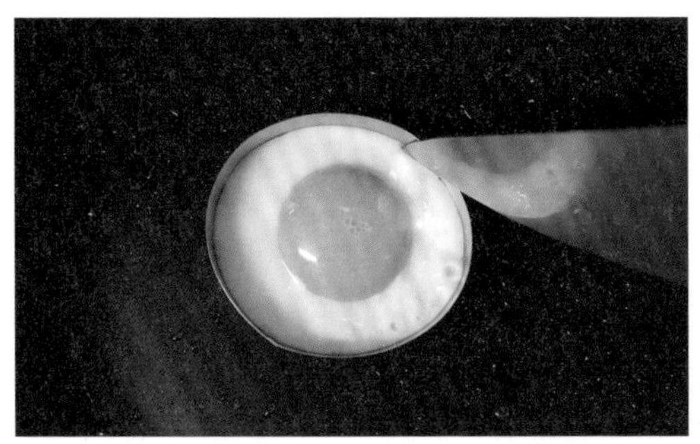

7 蛋黃開始起泡時，用刀尖沿著模具畫一圈後取出盛盤。

tip 不用畫到底，小心不要刮傷鍋子。

8 選 1 個跟蛋黃差不多大小的小圓模具，在起士片上先壓出半圓。

9 再用模具在半圓下方壓出2道弧線，如圖。

10 把壓好的起士片放在蛋黃的下半部，用吸管壓出鼻子、手和耳朵。

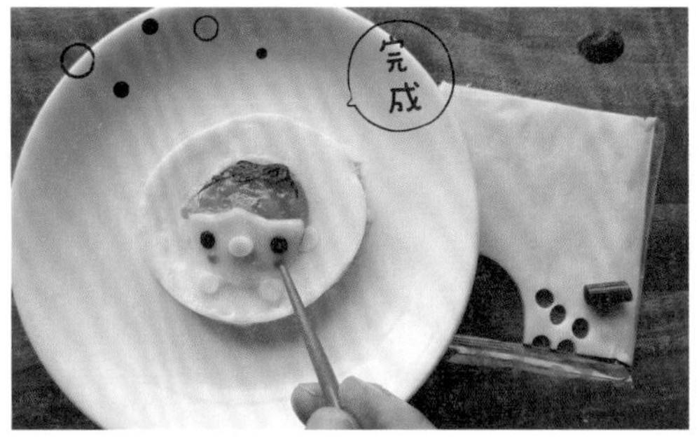

11 用打洞機壓出海苔眼睛，再剪出蝴蝶結髮飾，如圖。

12 把髮飾和眼睛放好後，再用番茄醬點上腮紅即可。

灰姑娘

因為老大是姐姐，恩恩小時候除了自己喜歡的超人和車車外，也常常和姐姐一起玩芭比，聽著姐弟倆的對話，已經開始上演參加舞會的橋段。看樣子公主和王子的故事，會在每個世代一直流傳下去 ^^

《材　料》

蝶豆花	5朵	雞蛋	1顆
熱水	30g	牛奶	10g
中筋麵粉	15g	芝麻包	1個
太白粉	5g	海苔	1小片
鹽	少許	番茄醬	少許

《造型工具》

造型叉。圓形模具。打洞機。表情打洞機

1 蝶豆花放入熱水中，泡成深藍色後，加入麵粉、太白粉和少許鹽，攪拌成無顆粒狀的麵糊。

2 下鍋煎成藍色麵皮。

3 打 1 顆雞蛋，加入 10g 牛奶攪拌均勻。

4 蛋液下鍋煎成蛋皮。

5 把蛋皮切成兩半。

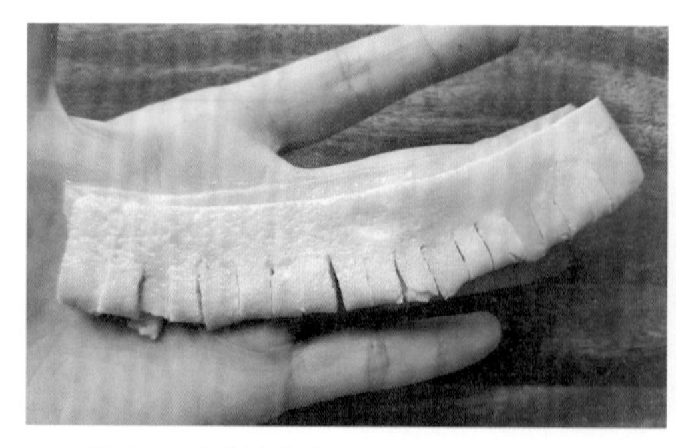

6 其中一半對折（不要折斷），在對折處用剪刀剪出等距離直線（剪到蛋皮一半的位置）。

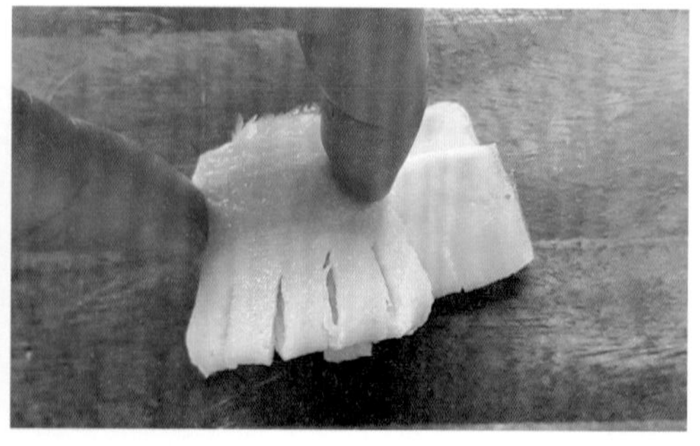

7 從左到右把蛋皮捲起來。

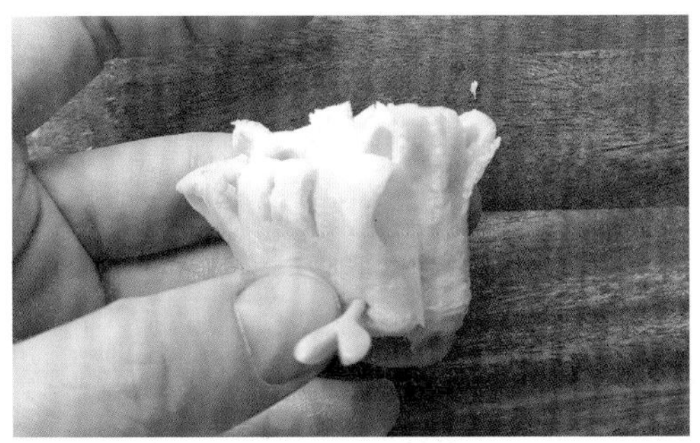

8 交接處用造型叉插入固定。

9 用比芝麻包大一點的圓形模具，在另一半蛋皮上壓出半圓。

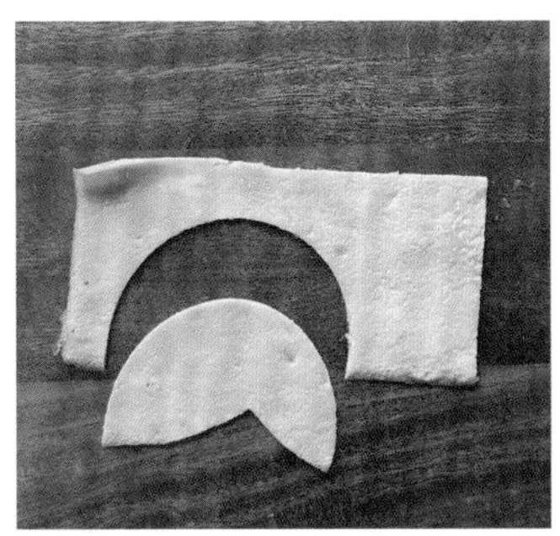

10 用剪刀剪出瀏海弧線，如圖。

11 把瀏海蛋皮蓋在芝麻包上半部，並在頭頂放上蛋皮花當包包頭。

12 用圓形模具壓藍色餅皮，做出髮帶。

13 用打洞機壓海苔五官，沾點美乃滋貼上。

14 最後點上番茄醬當腮紅即完成。

祝大家都能成功做出
幸福早餐！

MAKE SURE
KEEP WARM

お子様の喜ぶお
弁当作りに！
Arnest 創意料理模具
零廚藝媽咪的救星♫
為心愛家人做料理，不但充滿療癒的幸福暖意，也是為人母的小小驕傲。
Arnest一系列創意料理模具，是媽咪不可或缺的好幫手，
三兩下便可端出驚喜連連的童趣餐點，日本媽咪超強便當的小秘訣，
簡單擄獲孩子的心，乖乖吃光不再挑食！
用法簡單好上手，寶貝也可以一起DIY，讓備餐時刻充滿樂趣！

推薦商品

熊貓造型飯糰

孩童吸睛萬年不敗款，憨厚的熊貓眼配上圓滾滾的臉蛋，放進餐盒或盤子裡，看到心情就好好！

兔兔與小雞迷你飯糰模型

療癒系代表，兔兔＋雞蛋造型，小女生看了高呼卡哇伊。小花、葉子靈活點綴，和孩子玩創作！

微笑大嘴動物飯模

燴飯很難盛盤嗎？簡單步驟即可做出飯牆，把醬汁兜在裡面，裝飾可愛五官，小朋友很難抗拒！

聖誕節飯糰模型

可做出麋鹿和聖誕老公公兩種最應景的節日造型，溫暖氛圍，親手做料理給孩子們聖誕驚喜吧！

表情海苔按壓器(可愛版)

媽咪廚房必備好物，萬用多功能，各式薄型食材都能打出可愛表情，裝飾土司、飯糰，料理立馬加分！

台灣廣廈 國際出版集團
Taiwan Mansion International Group

國家圖書館出版品預行編目（CIP）資料

今天開始「愛上早餐」: 45款可愛造型餐，讓孩子搶著說「想吃！」，視覺、味蕾、營養大滿足！ /劉娟娟著 . -- 初版. -- 新北市：台灣廣廈, 2018.10
面；　公分
ISBN 978-986-130-402-1
1. 食譜

427.1　　107012372

今天開始「愛上早餐」

45款可愛造型餐，讓孩子搶著說「想吃！」，視覺、味蕾、營養大滿足！

作　　者／愛上早餐 Ilisaliu
攝　　影／Hand in Hand Photodesign
璞真奕睿影像．
愛上早餐 Ilisaliu
攝影場地／全國食材廣場-南崁長興店
梳　　化／賴韻年

編輯中心編輯長／張秀環
編輯／蔡沐晨
封面設計／曾詩涵．**內頁排版**／亞樂設計有限公司
製版．印刷．裝訂／東豪．弼聖．秉成

行企研發中心總監／陳冠蒨
媒體公關組／陳柔彣
綜合行政組／何欣穎

發 行 人／江媛珍
法律顧問／第一國際法律事務所 余淑杏律師．北辰著作權事務所 蕭雄淋律師
出　　版／台灣廣廈有聲圖書有限公司
地址：新北市235中和區中山路二段359巷7號2樓
電話：（886）2-2225-5777．傳真：（886）2-2225-8052

代理印務．全球總經銷／知遠文化事業有限公司
地址：新北市222深坑區北深路三段155巷25號5樓
電話：（886）2-2664-8800．傳真：（886）2-2664-8801

郵政劃撥／劃撥帳號：18836722
劃撥戶名：知遠文化事業有限公司（※單次購書金額未達1000元，請另付70元郵資。）

■出版日期：2018年10月
ISBN：978-986-130-402-1
■初版6刷：2021年12月